稠油油藏开发理论与新技术丛书 ｜卷三

国家出版基金项目
NATIONAL PUBLICATION FOUNDATION

超稠油油藏过热蒸汽
改善SAGD开发效果技术与应用

TECHNOLOGY AND APPLICATION OF SUPERHEATED STEAM TO IMPROVE
SAGD DEVELOPMENT EFFECT IN SUPER HEAVY OIL RESERVOIR

林日亿 杨建平 等著

中国石油大学出版社
CHINA UNIVERSITY OF PETROLEUM PRESS
山东·青岛

图书在版编目(CIP)数据

超稠油油藏过热蒸汽改善 SAGD 开发效果技术与应用 /
林日亿等著. --青岛：中国石油大学出版社,2021.12
　(稠油油藏开发理论与新技术丛书；卷三)
　ISBN 978-7-5636-6957-8

　Ⅰ. ①超… Ⅱ. ①林… Ⅲ. ①稠油开采－热力采油－
研究 Ⅳ. ①TE345

　中国版本图书馆 CIP 数据核字(2020)第 234888 号

书　　　名：	超稠油油藏过热蒸汽改善 SAGD 开发效果技术与应用
	CHAOCHOUYOU YOUCANG GUORE ZHENGQI GAISHAN SAGD KAIFA XIAOGUO JISHU YU YINGYONG
著　　　者：	林日亿　杨建平　等
责任编辑：	秦晓霞(电话　0532－86983567)
封面设计：	悟本设计
出 版 者：	中国石油大学出版社
	(地址：山东省青岛市黄岛区长江西路66号　邮编：266580)
网　　　址：	http://cbs.upc.edu.cn
电子邮箱：	shiyoujiaoyu@126.com
排 版 者：	青岛天舒常青文化传媒有限公司
印 刷 者：	山东临沂新华印刷物流集团有限责任公司
发 行 者：	中国石油大学出版社(电话　0532－86983437)
开　　　本：	787 mm×1 092 mm　1/16
印　　　张：	10.75
字　　　数：	246 千字
版 印 次：	2021 年 12 月第 1 版　2021 年 12 月第 1 次印刷
书　　　号：	ISBN 978-7-5636-6957-8
定　　　价：	72.00 元

前　言

　　稠油/超稠油在我国石油资源中占比大，稠油/超稠油的增产是保障我国能源战略安全的重要组成部分。稠油油藏孔隙结构复杂、原油黏度高等原因导致常规热采能耗高、油气比低、采收率低，而中深层超稠油油藏采用蒸汽吞吐、蒸汽驱等常规热采方式的经济性更差。蒸汽辅助重力泄油技术（SAGD）是开发超稠油的一项前沿技术。常规SAGD是在地层中靠近底部布置两口水平井，其机理为从上方注汽井注入蒸汽，蒸汽向上超覆形成蒸汽腔，蒸汽腔向上及侧面扩展，与油层中的原油发生热交换，加热后的原油和蒸汽冷凝水靠重力作用泄至下方水平生产井中并产出。目前，该技术在加拿大、委内瑞拉及我国辽河油田、新疆油田等稠油区块应用效果良好，但多采用高干度蒸汽开发，实践表明井底蒸汽品质是影响SAGD开发效果的关键因素。因此，过热蒸汽SAGD开发将具有更优的经济潜力，同时必将面临注汽锅炉，采油装备，储层经受高温、高压、高干度带来的新挑战。

　　本书以辽河油田超稠油油藏过热蒸汽SAGD开发先导试验为例，系统介绍了油藏成因、原油性质、过热蒸汽产生过程及装备、过热蒸汽热物理性质、流动与换热规律、驱油特性及对油藏储层性质的影响等内容。书中重点介绍了过热蒸汽SAGD开发超稠油机理和模式，以及过热蒸汽井筒预热循环、过热蒸汽SAGD开发参数优化和方案设计，并通过现场实践展现过热蒸汽SAGD超稠油开发成功案例和先进配套技术。期望通过该书的出版，能够与广大石油科研和工作人员在超稠油开发领域共同探讨、共同提高，携手将我国超稠油开发事业提升到一个崭新的水平。

　　本书由中国石油大学（华东）新能源学院组织编写。其中，第1章、第2章由辽河油田杨建平编写；第3章、第4章、第5章由中国石油大学（华东）林日亿编写；第6章由中国石油大学（华东）王新伟编写；第7章由辽河油田王诗中编写；第8章由辽河油田王宏远编写。在本书编写过程中，中国石油勘探开发研究院郭二鹏,辽河油田马宏斌、魏耀等专家提出了很好的建议;也得到了杨正大、张立强老师,张建亮、朱檀枭、陈凯、杜松健、潘慧达、李端等研究生的热情帮助,在此深表感谢。同时,本书还得到了"国家出版基金"、国家科技重大专项"过热蒸汽改善 SAGD 开发效果研究(2016ZX05012002-005)"和国家自然科学基金"稠油水热裂解生成硫化氢反应机制研究(51874333)"的支持,在此一并表示感谢。

由于编者水平有限,书中的缺点和错误在所难免,敬请使用本书的专业人员和读者给予指正。

目 录

第 1 章
绪　论

1.1　世界稠油概况

进入 21 世纪以后,全球经济得到了飞速发展,对石油资源的需求量也随之迅猛提升。然而,常规石油资源经过多年的大规模开发,正面临资源枯竭的现状。随着科学技术水平的不断提升,人们发现稠油资源的储量极为丰富,在世界各石油开采国都有大量的储存量,全球已证实的常规原油地质储量约为 $4\,200\times10^8$ t,而非常规原油的地质储量则高达 1.55×10^{12} t,稠油探明储量大约为 $8\,150\times10^8$ t,约占全球石油剩余储量的 70%,其中超稠油占比巨大。如果能够有效开采稠油,对于满足社会日益增长的石油需求将具有重要的现实意义。

世界各国中委内瑞拉拥有最多的稠油储量,约占世界总储量的 48%;其次是加拿大,占总储量的 32%;接下来是俄罗斯、美国和中国。稠油油藏分布广泛,巨大的资源量决定了稠油有可能成为 21 世纪的主要能源。自 20 世纪 90 年代开始,各主要采油国就开始进行稠油资源的开采工作,几乎所有国家都使用了热采技术进行开采,其中美国、委内瑞拉、印度尼西亚及中国的开采量较大。虽然稠油资源的重要性在不断增强,但是目前每年世界的稠油开采量只占石油总产量的 10%,造成此种现象的主要原因是稠油开采的成本较高,且开发技术水平也十分有限,因此各国仍然首先选择开采常规石油资源。

对我国而言,能源紧缺将是一个长期存在的严峻挑战,因此稠油、超稠油是一种不可忽视的能源。根据《中国矿产资源报告(2018)》,全国石油预测潜在资源量为 $1\,257\times10^8$ t,可采资源量仅有 301×10^8 t。对于原油剩余可采储量,2006—2014 年,年增长率为 2.9%;其后缓慢下降,到 2017 年剩余可采储量为 $24.658\,7\times10^8$ t,年增长率为 -0.7%。2017 年的数据仅大致与 2012 年相当。若仅看新增可采储量的变化,这一趋势更加明显(图 1-1-1):2012 年在新增地质储量 15.2×10^8 t 的基础上,新增经济开采储量为 2.3×10^8 t;2012 年以后,地质储量年增加值呈明显下降趋势,2017 年在新增地质储量 8.8×10^8 t 的基础上,新增经济开采储量仅 1.2×10^8 t。剩余可采储量的年增量越来越低,导致新增经济开采储量"入不敷出",最终使产量由小幅上升到出现拐点而转降。从原油产量看,21

世纪前 9 年的平均年增长量为 350×10^4 t,平均年增长率为 2.0%;2010—2015 年间发展速度有所降低,平均年增长量、平均年增长率分别约为 204×10^4 t 和 1.1%;2016 年原油产量转为下降,2017 年仅为 $17\ 793 \times 10^4$ t,两年间平均年增长量、平均年增长率分别约为 $-1\ 083 \times 10^4$ t 和 -5.6%,下降幅度相当明显。

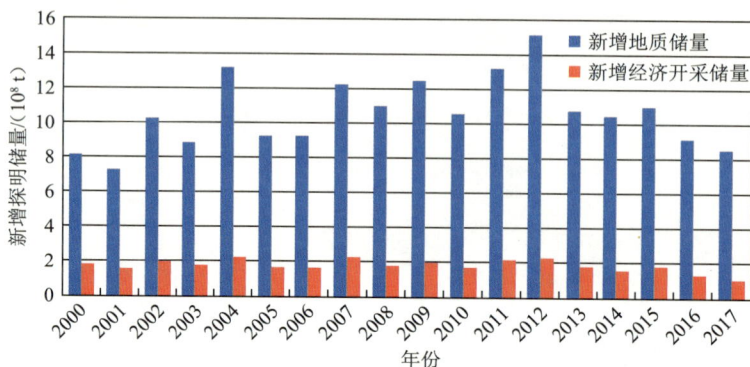

图 1-1-1 2000—2017 年全国原油新增探明储量

(数据源于相应年度储量通报)

国际能源署(IEA)发布的 *Oil Market Report 2018* 曾对 2017—2023 年的世界供给形势进行过分系统预测和分析,预计 5 年间常规原油产量略有减少,净增长主要来自稠油、油砂和天然气液等非常规资源的贡献(图 1-1-2)。

因此,稠油资源的开发有望填补常规原油产量下降带来的能源紧缺。目前,我国已经发现了 70 多个稠油油田,探明储量 40×10^8 t 以上,其中陆地稠油占石油总资源的 20% 以上,主要分布在辽河、克拉玛依、胜利以及河南、华北、大庆等。辽河油田是我国主要的稠油生产基地,油区油层厚,储量丰富度高,储量大,稠油油藏类型多。

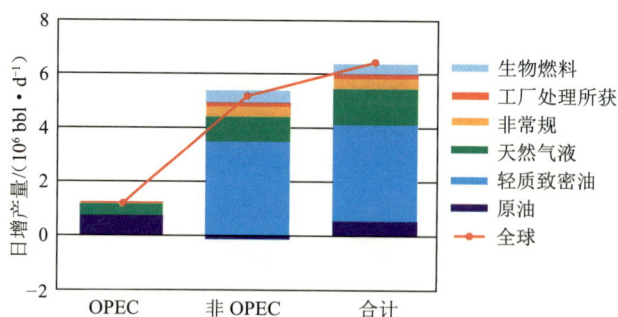

图 1-1-2 2017—2023 年全球液态燃料产能增长总量预测

(1 bbl=0.159 m³)

除辽河油田外,其他稠油资源储量丰富的油田依次是胜利油田、克拉玛依油田和河南油田,而海上稠油集中分布在渤海地区。我国陆上稠油油藏大多是中新生代陆相沉积,而古生代海相沉积极少。我国稠油储层多具有高孔隙、高渗透以及胶结疏松等特征,且由于稠油资源本身的黏度较高、流动性较差,对其开采技术也提出了极高的要求。

1.2　稠油开采技术

稠油开采潜力巨大,同时随着轻质油藏可开采储量的减少,稠油开采比重会不断加大。但是,稠油黏度高、密度大,开采中流动阻力大,不仅驱替效率低,而且体积扫油效率也低,因此难以用常规方法进行开采。目前,稠油开采技术主要有两大类:冷采技术和热采技术。

1.2.1　稠油冷采技术

稠油冷采技术是指在不依靠锅炉产生的高温高压热介质加热油层原油的条件下,利用某种油层处理技术、井筒降黏技术和举升技术对稠油油藏进行开发的方法。其核心是采用各种手段降低原油的黏度,改善稠油的流动性能,提高稠油油藏的采收率。开采过程包括两个连续阶段,即油层内高黏度原油渗流到井底周围和通过动力设备将原油举升到地面。因此,稠油冷采主要应用两方面技术:一是油层内原油降黏冷采技术,使原油具有流动性,在油藏压力驱动下能够流向井底;二是井筒降黏和举升技术,使流入井底的原油能够顺利入泵,并克服黏滞阻力而被举升到地面。两方面技术在稠油冷采过程中相辅相成,缺一不可。

利用油层内原油降黏冷采技术使油层内稠油克服黏滞阻力是稠油冷采的关键。目前,油层内原油降黏冷采技术概括起来包括化学冷采、物理冷采、微生物冷采、非烃类气体冷采和综合冷采技术等。

1.2.1.1　化学冷采技术

稠油化学冷采主要包括化学驱和化学吞吐两类。化学驱像注水开采一样,规划好注入井和生产井,在注入井中注入化学药剂,在对应生产井中进行采油的过程;化学吞吐则是在油井中注入一定浓度和数量的化学药剂,在稠油乳化或改变稠油分子结构后,再开井生产的过程。

(1)聚合物驱。它指向注入水中加入一定相对分子质量的聚合物,通过增加水的黏度来降低油水流度比,降低水的渗透率,从而提高水驱稠油采收率。聚合物驱冷采适合的原油黏度在 150 mPa·s 以下,油藏温度在 93 ℃ 以下,以最大限度地减少聚合物降解。

(2)碱驱。碱驱提高稠油采收率的机理主要包括三个方面:一是乳化及携带作用,形成水包油乳状液,被流动的碱液所携带;二是润湿反转作用,通过改变碱液的 pH 值,使岩石的润湿性由亲油变为亲水;三是在一定温度、矿化度和 pH 状态下,使孔隙介质由亲水变为亲油,从而使残余油变为连续相,使原油流向井底。碱驱开采适合黏度在 200 mPa·s 以下的稠油油藏冷采。

(3)化学吞吐。它包括乳化降黏吞吐和油溶性降黏吞吐。乳化降黏即向稠油油藏中注入具有一定浓度的表面活性剂,利用表面活性剂分子与稠油之间的低界面张力,使高黏度稠油乳化,产生低黏度的水包油乳状液,增加原油的流动性,降低流动阻力。油溶性降黏是指通过降黏剂分子与稠油分子相互作用达到降黏目的,降黏剂分子溶于油中,通过分散、渗透作用进入胶质沥青质分子的片状结构中,通过拆解作用降低胶质、沥青质分子的数目,降低原油内聚力,从而起到稠油降黏作用。

(4)自生 CO_2 与化学降黏复合吞吐。该技术是利用尿素等化学药剂在油层内产生 CO_2,并在超临界状态下进入许多溶剂不能进入的孔隙,既有降黏作用,又有溶解气膨胀气驱作用,再与化学降黏剂复合作用,有效地改善稠油的流动性能,同时还可解决 CO_2 气源短缺及注入过程中对管柱的腐蚀问题。但此技术在地层中的 CO_2 产量和降黏作用有限。

(5)溶剂萃取。由 SAGD(steam assisted gravity drainage,蒸汽辅助重力泄油)演变而来,不同的是它是利用烃类溶剂而非蒸汽使稠油的黏度大幅度降低,从而实现稠油冷采。加拿大于 20 世纪 90 年代开展溶剂萃取开采稠油试验,取得了较好效果。它的最大特点是容易实现溶剂的再循环使用,降低生产成本。

1.2.1.2 物理冷采技术

物理冷采技术主要是利用下入井筒内的特种设备产生的能量突然转变,对油层中的原油发生作用,降低原油黏度,提高原油流动性。该技术分为低频脉冲冷采技术、磁降黏冷采技术、超声波降黏冷采技术和人工地震冷采技术。

1.2.1.3 微生物冷采技术

微生物冷采提高稠油采收率的技术主要基于微生物对原油的乳化作用、降解作用和增产作用。稠油微生物冷采技术按所使用的微生物种类可分为外源微生物冷采技术和内源微生物冷采技术。根据稠油油藏内是否含有可以动用的微生物提高石油采收率和有益内源微生物及适用微生物生长的环境,可将现场施工方案分为三种方式:① 单独注入营养激活剂;② 注入外源微生物及营养激活剂;③ 注入微生物的代谢产物。因此,现场开展稠油微生物冷采技术前应先评价油藏环境,分析内源微生物群落结构,并以此为依据选择适用于油藏环境的外源微生物以及营养激活剂。

1.2.1.4 非烃类气体冷采技术

非烃类应用于稠油冷采主要基于注入油层内的气体与原油非混相的降黏作用、溶解气驱作用和降低油水界面张力作用等。

1.2.1.5 混合降黏冷采技术

为提高降黏冷采效果,近年来通过大量研究和实践,将各种降黏技术进行优化组合,达到协同降黏效果,如超声波降黏/化学降黏、非烃类降黏/化学降黏组合等,弥补不同单一稠油油藏降黏冷采技术的不足。

1.2.1.6 出砂冷采技术(Chops 技术)

出砂冷采是指在没有人工能量补充的条件下,通过调节压力差使地层砂与流体一起被举升至地面的一种开采方式。其开采机理主要是通过出砂进而在油层中形成高渗透的"蚯蚓洞"网格和泡沫油,使得渗透率加大、流体流速加快,泡沫油的平均产油速度和采收率分别是无溶解气时的 6 倍和 5 倍(图 1-2-1)。

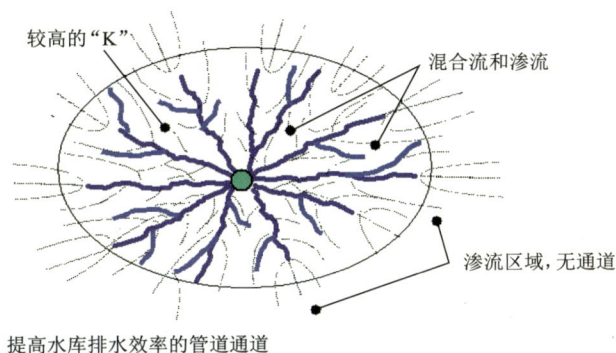

图 1-2-1 出砂冷采蚯蚓洞示意图

出砂冷采的主要开采机理及特点:一是形成"蚯蚓洞",提高油层的渗透率;二是形成泡沫油,给原油提供内部驱动能量;三是上覆地层的压实作用;四是远距离边底水的驱动作用。

出砂冷采适合埋藏深度小于 1 000 m、原油脱气黏度为 600~160 000 mPa·s 的稠油或超稠油油藏。该项技术的优点主要是成本低、操作简单,但是采收率低,一般为 15% 左右,另外对油砂的处理是一个较大的问题,油砂处理费占开采成本的比例最高。

1.2.2 稠油热采技术

稠油含有比例极高的胶质及沥青质,轻质馏分比较少,稠油的黏度和密度在其胶质及沥青质增长的同时也会随之增加。稠油对温度非常敏感,稠油的黏度会随着温度的增长而降低。针对稠油对温度极其敏感这一特征,热力采油成为当前稠油开采的主要开采体系。热力采油能够提升油层的温度,降低稠油的黏度和流动阻力,增加稠油的流动性,实现降黏效果,从而提高稠油采收率。稠油热采主要包括火烧油层、蒸汽驱、蒸汽吞吐和SAGD 等方法。

1.2.2.1 蒸汽吞吐采油技术

蒸汽吞吐采油技术过程是指向油层中注入一定量的热蒸汽,焖井一定天数,等待蒸汽的热量向油层散发后,油层的温度升高,降低稠油的黏度,之后开井生产,从而提高稠油井的产量。通过多次的循环蒸汽吞吐,达到预期的开采效果。通过蒸汽吞吐的方式,将井下的油层部位加热,升高油层的温度,使油流的黏度下降,流动阻力下降,流动速度提高,达到稠油开采的条件,提高油井的产量。该技术根据黏温敏感性原理提高稠油开采的效率。高压油层由于温度的升高而形成膨胀能量,达到驱油的效果。高温蒸汽的流动可有效解决地层堵塞的问题,达到最佳的解堵效果,提高油层的渗透性,使其达到最佳的开采状态。地层中的原油在热蒸汽的作用下很容易发生热裂解现象,原油中的轻馏分增加,流动的速度提高,开采的难度降低,从而提高稠油井的开采效率。

在注汽阶段,高温高压饱和蒸汽被注入油层,并优先进入高渗透带。由于蒸汽与油藏流体的密度差,蒸汽占据油层的上部。当注入设计的蒸汽量后,进入焖井阶段,之后开井进入采油阶段。随着回采时间的延长,注入地层的热量发生损失及产出液带出大量的热量,被加热的油层逐渐降温,流向井筒的原油黏度逐渐升高,原油产量逐渐下降。当产量递减到一定程度后,继续进行蒸汽吞吐采油。蒸汽吞吐注入的热量在井筒内具有一定的范围,在一定的半径内才能达到热能的传递,在该范围内油流的温度得到提升,通过天然能量的驱替,达到顺利开采稠油的效果。蒸汽吞吐采油的速度很快,可达到预期的增产状态。在每个蒸汽吞吐的周期内,提高稠油产量的幅度比较大,结合人工举升的方式,可达到设计的产油量。

在蒸汽吞吐采油阶段,由于油藏的非均质性,注入油层中的热蒸汽会优先进入高渗透区域,因此需要合理控制储层的蒸汽水平,才能保证均匀推进热蒸汽,达到最佳的驱替效果。蒸汽吞吐的开采模式是单井作业,依靠油层本身的能量开采稠油,不能达到无限期的开采条件,需要持续不断地进行蒸汽吞吐的循环,直至无法提高油井的产能为止。稠油油藏中含有底水会增大开采的难度,影响热蒸汽的流动,降低蒸汽吞吐的采收率。蒸汽吞吐导致的井间干扰现象严重,很容易出现汽窜现象,油井的出砂现象也比较严重,很容易发生砂卡事故,影响稠油井的正常生产,增加修井作业的频次,导致稠油井生产成本的增加。

1.2.2.2　蒸汽驱采油

蒸汽驱采油是稠油油藏经过蒸汽吞吐采油之后,为进一步提高采收率而采取的热采方法(图 1-2-2)。蒸汽吞吐是在本井中完成注蒸汽、焖井和开井生产三个过程的稠油开采方法,蒸汽吞吐通常能采出生产井周围有限区域内的原油,采收率较低。而蒸汽驱是指通过适当的井网,由注汽井连续注汽,在注汽井周围形成蒸汽带,注入的蒸汽将周围的原油加热并驱替到周围生产井后产出。

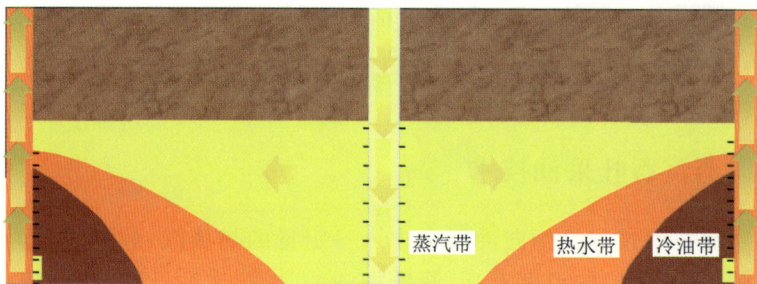

图 1-2-2　蒸汽驱采油示意图

1.2.2.3 火烧油层采油技术

稠油开采主要以向地层注热蒸汽驱动采油的方式为主,但随着开发年限的增加,部分稠油开采区块油藏压力水平逐年降低,持续注入蒸汽也不能有效提高油井的产能,即进入了低产低效阶段。火烧油层(火驱)的开采方式经过多年的试验和完善,已经得到规模化推广和应用,是一种较为理想的替代开采工艺。

火烧油层也被称为火驱法,是油层自身产生热的一种采油手段。火烧油层主要是将某种形式的氧化剂,比如空气或者氧气注入油层内,使油层内部的油自燃或者被点燃,借助氧化剂的作用,使得燃烧带不断扩展。在具体应用中,燃烧带会产生一定的热量,使得油层及其含有的流体被加热,温度达到临界温度后实现原油裂解降黏。火烧油层具有适用范围较广、物源充足多样、有效提高采收率及经济成本低等优势。

早在 20 世纪初,美国就有学者提出使用空气作为助燃剂使油层燃烧,并利用产生的热量使原油裂解,以降低地层黏度而进行稠油开采。从 1942 年至今,已有多个国家不断开展关于火烧油层技术试验研究,包括燃料和气体用量等,为实际开采应用提供了理论和实验经验。目前,基于以往的理论研究以及室内实验、现场试验,火烧油层采油技术(图 1-2-3)已经成为国外三次采油的常用方法,原油采收率可达到 60％,获得了不错的经济效益。

图 1-2-3 火烧油层采油示意图

火烧油层方法可以分为三种,分别是反向燃烧法、正向燃烧法与联合热驱法。其中,反向燃烧法是指通过生产井点燃油层,开始阶段同样需要通过生产井在油层内注入一定量的助燃气体,待油层燃烧一定时间后通过生产井四周的注汽井向油层注入气体,并首先对这些注入的可燃气体进行点火燃烧,之后储层中被火烧的原油经过燃烧后黏度降低,向井口聚集。这种反向燃烧法特别适合用于稠油油藏的开采。相反的,正向燃烧法通过特定的注入井进行可燃气体注入并点火燃烧,在储层被燃烧的同时,其中的原油形成了低势区并快速向生产井的井口聚集。

在进行稠油与正常原油开采时,因为两种原油的物理性质差异巨大,二者在发生裂解反应时需要的温度条件也不尽相同。稠油在发生裂解反应时所需要的温度条件为 500 ℃左右,正常原油的裂解所需温度较低,在 300 ℃左右。在对正常油层进行开采时,运用火烧油层开采技术需要将井下施工作业的温度保持在 200～350 ℃,而此技术用于稠油油藏的开采时,需要将温度控制在 400～500 ℃。利用此技术对稠油与稀油混合油藏进行开采时,应控制温度在 300～350 ℃,以保证使用火烧油层开采技术开采时的开采质量。同时还要严格把控助燃气体的注入速度。注入速度过慢,会影响反应的顺利进行;注入速度过快,会影响火烧油层的开采质量,同时降低油层的采收率。因此,运用火烧油层技术时要合理把控助燃气体的注入速度,以保证火烧油层开采质量为前提,尽可能提高原油的开采效率。

与传统开采技术相比,火烧油层开采技术具有更强的先进性,因为这种技术可以使用较多的新型技术与设备进行辅助。比如在稠油油层的开采过程中,稠油的性质使得燃烧所涉及的油层范围较小,体积系数小,这势必会制约火烧油层的开采效率,通过合理运用火烧油层开采技术的辅助开采工艺,可以使开采效果更加理想。新型助采技术主要包括直井压力式和水平井辅助式两种方式。运用新型助采技术时,除需严格把控油层中注入氧气的含量外,还需及时监控地层内油层燃烧状况。由于火烧油层的各个地层内部结构不同,在开采过程中一旦出现流砂现象,施工人员可以借助新型助采技术及时发现并处理,以保证燃烧前缘在油层中更好地向前推进,让采油更顺利地进行,以及保证油层的开采质量。

火烧油层开采技术应用于非常规油藏开采是提高原油采收率的重要方法之一,虽然火烧油层采油工艺技术难度大,不安全因素多,但能够大幅度降低原油的黏度,适应性强,并能充分利用石油资源。当前,火烧油层开采技术在非常规油藏开采中的应用逐渐被人们所重视,已应用于原油开采的各个阶段。

1.2.2.4 蒸汽辅助重力泄油(SAGD)

SAGD 技术是当前业界公认的发展前景十分可观的稠油开发技术。SAGD 技术的基本工作原理是,利用石油黏度相对温度的敏感性,通过注入高温度热气体来加热地层油藏,从而让原油在增温降黏阶段慢慢开始流动,并流进对应的开采井中。

1) 双井 SAGD 方法

双水平井是指注汽井与生产井。双井 SAGD 方法的基本原理是,借助两平行分布的井在油藏底部实施钻孔,且持续朝上方和横向实现扩张,在重力影响下地层内的油品慢慢流进生产井。此技术可以让生产井在生产的同时受注汽井升温的影响,其主要特征在于两个水平井是平行分布的,因此能够大幅度提高换热效率。因为在实际开采时两井的主体均在油藏内,所以该方法对油层厚度有较高要求。

2) 单井 SAGD 方法

单井 SAGD 方法就是在同一个井内完成蒸汽的注入与稠油的开采,按照井型的不同,可分成单井-直井 SAGD 方法与单井-水平井 SAGD 方法。单井-水平井 SAGD 方法在国内已进行现场试验,但因为操作存在较大的难度,所以现场采用很少。

单井-直井 SAGD 方法是使用特殊设备完井的新兴技术,通过与压裂技术相统一来达到重力泄油。该方法的基本原理是：① 垂直钻进储层并使用特殊规划的六翼套管来固井。套管下入后采取机械方式使之胀开，产生均匀布置的 6 个槽，并保证每个翼不关闭。② 注射压裂液开展压裂操作，以形成和油藏连接的 6 个压裂支撑面。采取相同的方法，逐次从下部至上部对储层加以改造，最后形成 6 个贯穿全储层的压裂面。③ 选择双管柱完井，蒸汽由真空绝热管内注射，流体由油管内采出。蒸汽由油藏上部注入后顺着压裂面朝井筒周边和油藏下部均匀扩展，排放潜热加热稠油，让稠油黏度下降。热油与冷凝水在重力的影响下流进井底并被提升到地表，实现对稠油的开发。该技术是将压裂液引进热采过程中出现的新型技术，可以有效避免隔夹层的干扰，达到蒸汽的均匀扩散，进而令储层受热更为均匀。对薄储层、油藏浅的油田，该技术具有非常显著的使用价值。

3）直井-水平井 SAGD 方法

直井-水平井 SAGD 方法共经历 4 个阶段：① 预热过程，该过程的主要任务是将高温流体引进岩层，进而使其出现裂纹和孔隙，油品也随之加热，蒸汽腔开始出现并延展，油品黏度慢慢下降；② 高压生产过程，该过程中高压驱替蒸汽将注进油藏，逐渐驱动油品流进生产井内，而且蒸汽腔进一步拓展，初步产生热连通；③ 降压生产过程，该过程中蒸汽腔范围会不断加大，直到达到正常状态，热连通也基本形成，稠油采收率逐渐达到稳定；④ SAGD 生产过程，该过程中所有直井周边均会形成单独的、面积与体积相对正常的蒸汽腔，稠油被加热后流进水平生产井内。

4）迅速 SAGD 方法

该方法综合了一般 SAGD 技术和蒸汽吞吐方式的特征。在储层内布置一对一般 SAGD 水平井，接着在一侧布置一个偏置井，该井与 SAGD 水平井平行且相隔适当距离，作为蒸汽吞吐井。一对一般 SAGD 井稳定生产，偏置井闭合，等蒸汽腔抵达储层上部时，开始往偏置井内注射蒸汽。蒸汽的注入压力与注入速度均大于 SAGD 井，但小于地层破损压力，以防止压坏地层。往偏置井中注射蒸汽可以加快蒸汽腔的横向延伸，当井内空间被完全加热后，即偏置井中蒸汽腔和一对一般 SAGD 井蒸汽腔连通后，偏置井从注汽井转成生产井并进行稠油开采。就应用效果来说，迅速 SAGD 法可以大大增加稠油开采量，加大油汽比，减少钻井费用和操作费用，用最少的井数得到最大的产量。与一般 SAGD 法相比，迅速 SAGD 法热效率增加 25％，产量提高 35％，而且在稠油累积产量相同的条件下，所耗损的蒸汽与开采时间更少。为了评估迅速 SAGD 技术的开采效果，相关人员展开了室内物理虚拟测试，比较了一般 SAGD 技术与迅速 SAGD 技术的开采效果。测试采用的模型规格为 87.4 cm×5 cm×22.8 cm。测试数据显示，与一般 SAGD 技术相比，迅速 SAGD 方法累积开采量要高很多，累积油汽比较低。

参 考 文 献

[1] 周林碧,秦冰,李伟,等.国内外稠油降黏开采技术发展与应用[J].油田化学,2020,37(3):557-563.

[2] SIA S Q,WANG W C. Experimental and techno-economic studies of upgrading heavy pyrolytic oils from wood chips into valuable fuels[J]. Journal of Cleaner Production,2020(277):124-136.

[3] AHMED A R,YASMEEN S A A,REHAB M G,et al. High performance isotropic polyethersulfone

membranes for heavy oil-in-water emulsion separation[J]. Separation and Purification Technology, 2020(253):1345-1362.

[4] SUN Z X,WANG C K. Study on mathematical characterization and numerical simulation method of heavy oil chemical combination flooding mechanism[J]. IOP Conference Series:Earth and Environmental Science,2020,558(2):672-689.

[5] 段强国.稠油冷采技术现状及展望[J].石化技术,2018,25(4):265.

[6] 郑万刚,赵晓,王飞,等.稠油油藏强化冷采化学体系的研制[J].石油和化工节能,2019(5):20-27.

[7] 梁伟.稠油化学降黏冷采技术在胜利油田的研究及应用[J].内蒙古石油化工,2019,45(4):68-69.

[8] 刘岩.化学强化冷采在深层低渗稠油中的研究与应用[J].化工管理,2017(8):210.

[9] 李文生.化学采油技术在稠油冷采上应用[J].化工管理,2016(23):154.

[10] 魏小芳,许颖,罗一菁,等.稠油微生物冷采技术研究进展[J].化学与生物工程,2019,36(3):1-6,36.

[11] 王学忠,杨元亮,席伟军.油水过渡带薄浅层特稠油微生物开发技术——以准噶尔盆地西缘春风油田为例[J].石油勘探与开发,2016,43(4):630-635.

[12] 杨朝光,谢立新,马连军,等.氮气辅助稠油微生物冷采技术研究与应用[J].油田化学,2013,30(1):101-105.

[13] 刘航.兴古7潜山油藏开发地质特征及注非烃类气体试验研究[D].大庆:东北石油大学,2018.

[14] 王森厚.非烃类气驱技术在潜山油藏开发中的应用[J].化工管理,2017(31):191-192.

[15] 陈鑫,李宜强,刘哲宇,等.降黏剂辅助热水驱提高海上稠油油藏采收率实验研究[J].高校化学工程学报,2020,34(1):62-69.

[16] 周娜,姜东,杜玮暄,等.稠油井过泵旋流混合降黏举升技术[J].石油钻探技术,2016,44(6):84-87.

[17] 于向东.稠油出砂冷采机理研究及螺杆泵仿真分析与优化[D].秦皇岛:燕山大学,2015.

[18] 邝煜,焦志豪,史进,等.稠油出砂冷采技术及展望[J].内蒙古石油化工,2011,37(6):102-104.

[19] 刘彦成,王健,刘彦武,等.稠油出砂冷采后VAPEX提高采收率技术的可行性研究[J].国外油田工程,2010,26(10):10-12,16.

[20] 汪绪刚,邹洪岚,李国诚,等.苏丹6区稠油有限携砂冷采数值模拟及采油工艺技术[J].辽宁工程技术大学学报(自然科学版),2009,28(S1):131-134.

[21] GUO J,ORELLANA A,SLEEP S,et al. Statistically enhanced model of oil sands operations:well-to-wheel comparison of in situ oil sands pathways[J]. Energy,2020(208):118-250.

[22] LIN R,WANG X,XU W,et al. Experimental and numerical study on forced convection heat transport in eccentric annular channels[J]. International Journal of Thermal Sciences,2018,2019(136):60-69.

[23] ZHU Y R,HUANG S J,ZHAO L,et al. A new model for discriminating the source of produced water from cyclic steam stimulation wells in edge-bottom water reservoirs[J]. Energies,2020,13(11):2683.

[24] 田野.影响超稠油蒸汽吞吐开发效果因素分析[J].内蒙古石油化工,2020,46(3):47-48.

[25] LUO E H,FAN Z F,HU Y L,et al. An efficient optimization framework of cyclic steam stimulation with experimental design in extra heavy oil reservoirs[J]. Energy,2020,192:116601.1-116601.19.

[26] 霍进,吕柏林,杨兆臣,等.稠油油藏多元介质复合蒸汽吞吐驱油机理研究[J].特种油气藏,2020,27(2):93-97.

[27] 邓博,刘威,李健.边底水稠油油藏蒸汽吞吐开采特征及开发优化数值模拟研究[J].能源与环保,2020,42(2):145-147,174.

[28] YI S Y,BABADAGLI T,LI H Z. Catalytic-effect comparison between Nickel and Iron Oxide Nanoparticles during aquathermolysis-aided cyclic steam stimulation[J]. SPE Reservoir Evaluation &

Engineering,2020,23(1):282-291.

[29]　冯翠菊,王春生,张蓉,等.稠油重力泄水辅助蒸汽驱三维物理模拟实验[J].新疆石油地质,2019,
40(4):464-467.

[30]　霍梦颖,邵先杰,武宁,等.浅薄层特超稠油开发后期蒸汽驱注采参数优化[J].重庆科技学院学报
(自然科学版),2017,19(5):35-39.

[31]　廉淇潼.薄层稠油水平井蒸汽驱的优化设计探究[J].石化技术,2016,23(11):223.

[32]　吴一尘.国内外火烧油层研究进展与应用探析[J].化工管理,2018(14):247.

[33]　JYOTSNA S,JORDAN D,FAISAL A,et al. In-situ combustion in Bellevue field in Louisiana-His-
tory,current state and future strategies[J]. Fuel,2021(284):118-194.

[34]　KENJI T. Two-dimensional temperature distribution in a fixed bed at high spatial resolution visual-
ized by in-situ measurement of iron-ore sintering during combustion[J]. Fuel,2020(272):172-186.

[35]　ISMAIL N B,HASCAKIR B. Impact of asphaltenes and clay interaction on in-situ combustion per-
formance[J]. Fuel,2002(268):135-147.

[36]　贺康.火烧油层点火时间影响因素研究初探[D].西安:西安石油大学,2019.

[37]　王波,任海兵.火烧油层采油技术基础研究及其应用[J].云南化工,2019,46(3):139-140.

[38]　WANG C X,JESUS D M P,MOHAMMAD H,et al. Protocol for optimal size selection of punched
screen in steam assisted gravity drainage operations[J]. Journal of Petroleum Science and Engineer-
ing,2021,196.

[39]　PURKAYASTHA S N,CHEN Y,GATES I D,et al. A kelly criterion based optimal scheduling of a
microgrid on a steam-assisted gravity drainage (SAGD) facility[J]. Energy,2020:117845.

[40]　SANDERS A,DADO G P,HOLLAND B,et al. Steam foam methods for steam-assisted gravity
drainage. US20170226836A1[P],2017.

[41]　王成,钟立国,刘建斌,等.中深层特稠油重力泄油模拟实验[J].石油科学通报,2019,4(4):
378-389.

[42]　TARASKIN E N,PIATIBRATOV P V,URSEGOV S O. New schemes of steam assisted gravity drainage
for thick reservoirs with heavy and highly viscous oil (Russian)[J]. Oil Industry Journal,2019(11):
103-107.

[43]　ANSARI A,HERAS M,NONES J,et al. Predicting the performance of steam assisted gravity drainage
(SAGD) method utilizing artificial neural network (ANN)[J]. Petroleum,2020,6(4):7.

[44]　曹峻博.重力泄水辅助蒸汽驱开发效果分析[J].石化技术,2018,25(12):189.

[45]　蒋斌.新型 SAGD 技术在稠油开采中的应用[J].当代化工研究,2017(10):26-27.

第 2 章
超稠油油藏性质及开发

2.1 超稠油油藏特征

超稠油油藏的划分、开采方式的选择以及开采潜力的评价都是建立在对其正确分类的基础之上的。我国的稠油油藏素有黏度和胶质含量偏高、沥青质含量较低的特点。根据我国稠油特点及开采方式进行分类,相关分类标准见表 2-1-1。分类标准中将稠油分为普通稠油、特稠油和超稠油。

表 2-1-1 中国石油行业稠油分类试行标准

稠油分类	类 别		黏度/(mPa·s)	密度(20 ℃)/(kg·m⁻³)	开采方式
普通稠油	Ⅰ		50* (或 100)~10 000	>0.920 0	先注热水再热采
	亚 类	Ⅰ-1	50* ~150*	>0.920 0	
		Ⅰ-2	150* ~10 000	>0.920 0	
特稠油	Ⅱ		10 000~50 000	>0.950 0	热 采
超稠油	Ⅲ		>50 000	>0.980 0	热 采

注: * 指油层条件下的原油黏度;无 * 指油层温度下的脱气原油黏度。

超稠油是指地层温度条件下脱气原油黏度大于 50 000 mPa·s 的原油。

超稠油由于具有黏度高、流动性差、密度大的特点,导致其投资成本高、采收率低、开采难度大。

油层温度对超稠油黏度的影响非常大。从大量实验数据中可以得出,温度每升高 10 ℃,原油黏度约降低一半。在开采超稠油过程中,井间及近井周围温度场的变化将直接影响原油的流变性及蒸汽腔的形成和扩展。

薄层超稠油油藏的地层较薄且原油黏度较大,蒸汽吞吐开采、蒸汽驱开采及火烧油层开采都有较大的局限性,原油的最终采收率不高,故选择 SAGD 方式进行开采。

2.2　SAGD 技术开采原理

SAGD 技术是开发超稠油的一项前沿技术,其理论最先由 R. M. Butler 博士于 1978 年根据注水采盐原理提出,即注入淡水将盐层中的固体盐溶解,高浓度盐溶液因其密度大而向下流动,密度较小的水溶液则浮在上面,上面持续注水,下部连续采出高浓度盐溶液。高浓度盐溶液向下流动的动力是水与含盐溶液的密度差,该原理应用到注蒸汽热采过程中就产生了重力泄油的概念。

对于在地层原始条件下没有流动能力的高黏度超稠油,要采出原油,首先需加热油层降低黏度,使其具有流动性,其次要在注采井之间建立热连通,即经历油层预热阶段;此后注入的高干度蒸汽向上超覆在地层中形成蒸汽腔,蒸汽腔向上及侧面移动扩展,与油层发生热交换,被加热的原油和蒸汽冷凝水由于重力作用而向下流动到生产水平井中,进而被采出;蒸汽腔则弥补被采出的原油体积,这个阶段就是 SAGD 阶段。

目前 SAGD 技术有三种布井方式:第一种是平行水平井方式,即在靠近油藏的底部钻一对上下平行的水平井,上面水平井注汽,下面水平井采油;第二种是直井与水平井组合方式,即在油藏底部钻一口水平井,在其上方钻一口或几口垂直井,垂直井注汽,水平井采油;第三种是单管水平井 SAGD 技术,即在同一水平井井口下入注汽管柱,通过注汽管柱向水平井最顶端注汽,使蒸汽腔沿水平井逆向扩展。

SAGD 技术的优势:① 利用重力作为驱动超稠油的主要动力,加热超稠油不必驱动而直接流入生产井;② 主要利用蒸汽的汽化潜热加热油藏;③ 通过重力作用利用水平井生产,获得相当高的采油速度;④ 采收率高,油汽比高;⑤ 除大面积的页岩夹层外,对油藏非均质性不敏感。

2.3　影响 SAGD 的工艺参数

1) 蒸汽干度

SAGD 技术开发过程中,对油层进行加热的载体中气相起主要作用,蒸汽形成的凝结水则基本以相同的温度从生产井中以采出液形式采出,对油层的热贡献较小,因此保持井底的高干度至关重要。蒸汽干度是影响 SAGD 开发效果的关键参数之一。能否有效形成蒸汽腔及其形成的速度、扩展方向都受到蒸汽干度的影响。不同干度的蒸汽所携带的热焓不同。干度越高,热焓越大,越容易形成蒸汽腔,从而加热油藏的体积增大。从相同时间、不同干度条件下蒸汽腔扩展剖面可以看出,低干度蒸汽腔形成的速度慢,因为在湿蒸汽中水相的比例较高,蒸汽室难以得到有效扩展。随着注汽干度的增加,蒸汽腔的体积增大,表现在 SAGD 生产指标上,采油量和油汽比高,采油速度快。但当注汽干度大于 70% 以后,蒸汽干度对 SAGD 效果的影响变小。

当井底蒸汽干度维持在 75% 时,采出程度可维持在较高的水平。考虑到地面管线及井筒热损失,要求井口的蒸汽干度达到 95% 以上。生产中采用汽水分离器及高效真空隔热管、热敏封隔器的组合管柱来保证较高的蒸汽干度。近年来辽河油田、新疆油田开始探索采用大型流化床锅炉开展注过热蒸汽 SAGD 开发(图 2-3-1)。

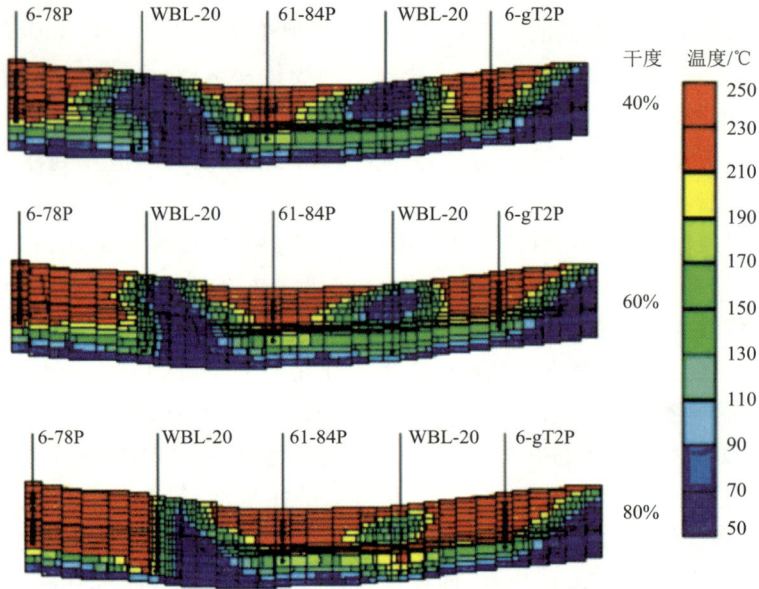

图 2-3-1　相同时间不同干度蒸汽腔扩展剖面图

2) 注汽速度及注采比

注汽速度对 SAGD 效果的影响(表 2-3-1)主要表现在对井底蒸汽干度和加热油层的速度上,从而影响蒸汽腔的扩展。当注汽速度减小时,由于蒸汽腔的扩展速度降低,所以加热油层的速度也降低,导致泄油速度减缓,开采时间拖长,平均日产油量减小。当然,并不是注汽速度越高越好,如果注汽速度太高,不仅容易造成注采井间的短路,引起汽窜,还会降低生产油汽比。之所以对注汽速度进行研究,更重要的是因为注汽速度会影响井筒热损失及井底蒸汽干度。如前所述,蒸汽干度是 SAGD 生产的一个重要因素,因此必须设法提高井底干度。根据 SAGD 井组特点,比如直井+水平井组合、双水平井组合等形式,以及井网特点、水平井长度等特性,选择合适的注汽速度以及注采比,是维持 SAGD 高效开发的关键所在。

表 2-3-1　注汽速度对 SAGD 效果的影响

注汽速度/(t·d⁻¹)	生产时间/d	注汽量/(10⁴ t)	产油量/(10⁴ t)	油汽比	采出程度/%
70	4 590	252.5	50.6	0.200	25.7
110	4 220	232.1	63.5	0.274	32.2
150	4 180	229.9	62.3	0.271	31.6
190	4 090	225.0	60.6	0.269	30.8

3）预热形式及预热效果

SAGD 正式开发前首先需要在注汽井与生产井之间形成有效的热连通，通常称为预热过程。多采用蒸汽吞吐预热或蒸汽循环预热两种形式。

4）操作压力

在 SAGD 生产过程中，蒸汽室压力应保持恒定。在没有超过油层破裂压力的情况下，维持较高的操作压力是有利的。一方面，可以提高注汽温度，使沥青黏度降低；另一方面，可以抑制油层出砂。SAGD 阶段的注汽压力比蒸汽室压力大 200~500 kPa。

5）生产井排液能力（采注比）

生产井排液能力对 SAGD 效果的影响（表 2-3-2）也很大，生产井必须有足够的排液能力才能使蒸汽腔扩展顺利，实现真正的重力泄油生产。如果排液能力太低，会导致冷凝液体在生产井上方聚集，使注采井间的蒸汽带变为液相带，汽腔缩小，降低洗油能力，使剩余油饱和度增加；如果排液能力太高，蒸汽腔虽能正常扩展，但汽液界面容易进入生产井筒，不仅汽进泵会降低泵效，当产出大量蒸汽时还会降低热量的有效利用。因此，合理的排量应该与蒸汽室的自然泄油速度相匹配，保证蒸汽腔正常扩展的同时，也能使汽液界面恰好在生产井筒稍上方处。也就是说，既要使冷凝泄流下来的液体全部采出，又不使过多的蒸汽被采出，使洗油效率和热效率都最高。

表 2-3-2 采注比对 SAGD 效果的影响

瞬时采注比	生产时间/d	累积注汽量/(10^4 t)	累积采油量/(10^4 t)	油汽比	平均日产油量/(t·d^{-1})
1.0	2 380	130.9	29.5	0.225	62.0
1.2	4 220	232.1	63.5	0.274	75.2
1.4	4 030	221.65	61.8	0.279	76.7

6）Subcool 值

Subcool 是指在饱和蒸汽压力下，生产井井底产液温度与饱和蒸汽腔温度的差值。为防止蒸汽突破到生产井，需要控制生产井井底温度，使生产井井底温度低于蒸汽腔的饱和温度。在 SAGD 生产过程中，一般采取控制生产井的采液速度来调整 Subcool，以实现 SAGD 汽液界面的平衡。在蒸汽腔压力为 3.0 MPa 的条件下，分别对 Subcool 为 5 ℃，10 ℃，20 ℃进行模拟研究。研究结果表明，Subcool 越大，生产井上方的液面越高，蒸汽距离生产井越远，蒸汽突破生产井的机会越小，但该区域剩余油饱和度高，更不利于蒸汽腔的发育，相应的日产油量、采出程度降低。而 Subcool 变小时，蒸汽腔发育好，生产井排液量高，残余油饱和度降低。因此，Subcool 是 SAGD 阶段的重要设计参数，一般为 5~10 ℃（图 2-3-2）。

7）其他参数

注入井的吸汽能力、油层中蒸汽腔的大小决定了实际生产中注汽速度的侧向移动。水平段的扶正器扶正间距最小，向上逐渐增大，使用不同的扶正器扶正间距不同，但差别不大。必要时可每隔一根注汽管柱安放一个扶正器，主要目的是减少摩擦面，防止黏卡。

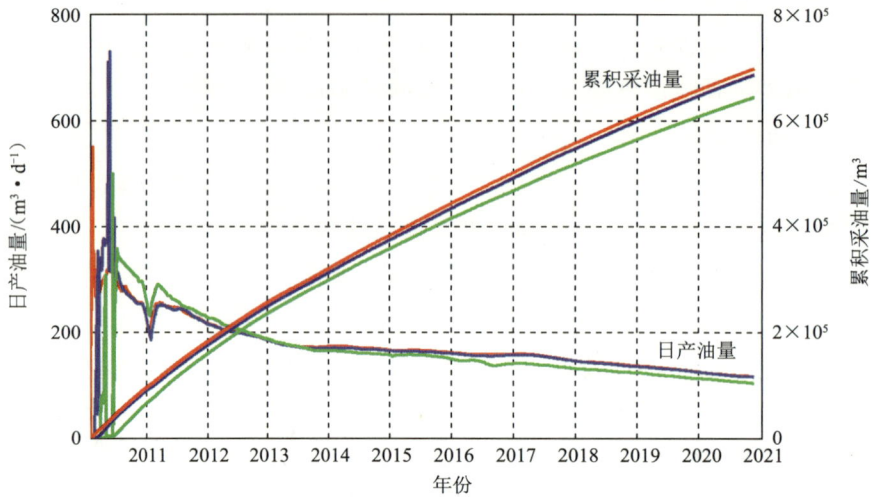

图 2-3-2　不同 Subcool 值时 SAGD 生产动态预测曲线

2.4　影响 SAGD 的地质参数

1）油层厚度

由于 SAGD 过程以流体的重力作用作为驱动力，所以油层厚度越大，重力作用越明显；反之，油层厚度太小，不但重力作用小，而且上下围岩的热损失增大，会降低油汽比。另外，在井距一定的情况下，稠油产量与油层厚度的平方根近似成正比。

根据筛选标准，SAGD 要获得好的开采效果，油层厚度必须大于 20 m。

2）油藏渗透率

渗透率是影响蒸汽腔前缘推进速度和原油日产量的主要因素。其中，垂向渗透率主要影响蒸汽上升速度，因此其在厚度大、渗透率低的油藏中更加重要；水平渗透率主要影响蒸汽室的侧向扩展，因此在油层厚度较小且井对间距较大的情况下影响更大。在一定的垂向渗透率与水平渗透率比值条件下，随着水平渗透率的增加，蒸汽腔扩展速度和体积增大，采油量和油汽比高，采油速度快。随着渗透率的增加，采油量和油汽比增加，相同时间内采油速度增加，这说明蒸汽腔扩展速度随着渗透率的增大而扩大，加热油藏的范围广，从而增加可动油体积（图 2-4-1）。

3）稠油黏度

黏度是流体抵抗剪切应力的一种性质。由于 SAGD 生产机理的特殊性，稠油黏度并不是一个主要因素。根据加拿大 UTF 项目的经验，在初期预热的情况下，稠油黏度高达 500×10^4 mPa·s 的沥青砂仍可实现经济有效开发。但稠油黏度随温度的变化关系将影响 SAGD 蒸汽前缘沥青的泄流速度，因此也影响蒸汽前缘推进速度与产油速度。原油黏度对 SAGD 汽腔扩展体积和形状影响不大，但会对开发效果产生一定影响，主要影响发生在 SAGD 初期（图 2-4-2）。

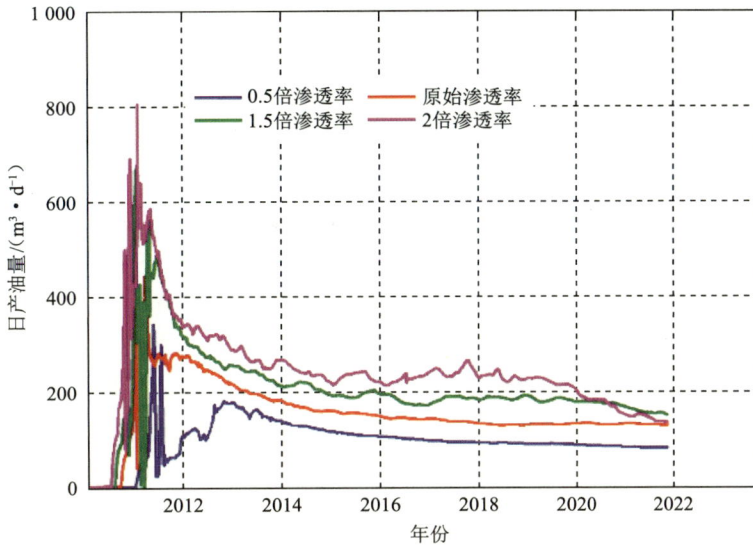

图 2-4-1　不同渗透率 SAGD 采油动态

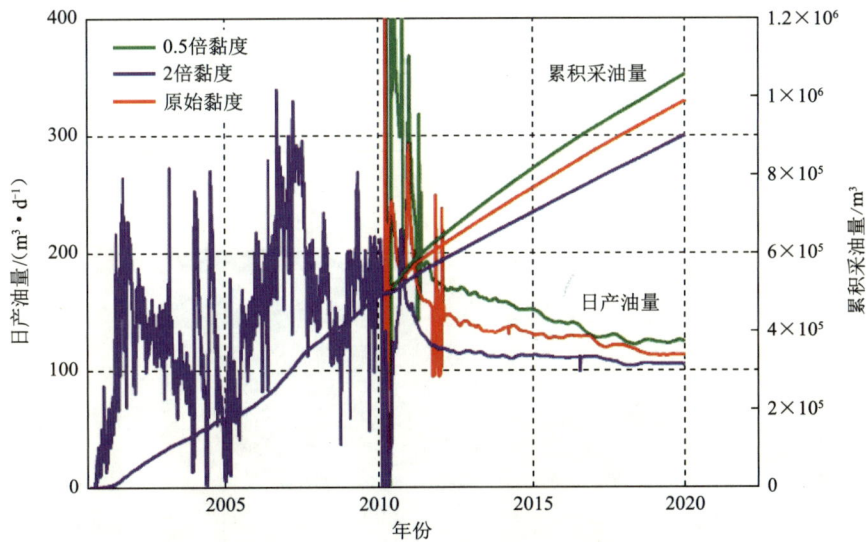

图 2-4-2　不同原油黏度 SAGD 采油动态

4）油藏深度

随着油藏深度增加，井筒热损失增大，井底蒸汽干度降低，而且套管温度升高超过安全极限也易受到破坏。确定油藏深度时主要考虑两个方面：一是蒸汽最高注汽压力；二是井筒热损失率。如果油藏太浅，注汽压力会受到限制。因为对于水平井注蒸汽开采，特别是蒸汽辅助重力泄油，注汽压力不能超过油层破裂压力，根据饱和蒸汽的性质，蒸汽的温度也不能提高。对于特稠油或超稠油，在蒸汽温度下原油黏度仍然很高，导致原油流度低，开采效果变差。

如果油藏太深,井筒热损失增大,井底蒸汽干度降低,难以形成有效的蒸汽腔。同时,蒸汽干度高,热焓高,比热容大,热效率高。若蒸汽干度低,大部分为热水,而热水热焓低且密度大,随原油一起下沉,突进生产井,蒸汽室难以形成及扩展,会降低开发效果。

对于 SAGD 开采,油藏深度一般小于 1 000 m。

5) 薄夹层的影响

在厚层块状砂体中常有零星分布的低渗透或非渗透薄夹层,这些薄夹层对蒸汽腔的扩展必将产生影响。蒸汽和重油可以通过夹层的边缘绕流,初期在夹层上方会形成一个小的死油区,死油区的体积会随时间延长而变小。当隔夹层的范围比较小时,死油区会随时间延长变得很小。数值模拟研究结果表明,隔夹层的存在会延长 SAGD 的生产时间,降低采油速度,但对最终开发效果影响较小(表 2-4-1),油汽比只比无隔夹层时减少 6%。隔夹层存在的位置对蒸汽运移具有阻碍作用,表现在 SAGD 过程中蒸汽腔扩展速度减慢,显示蒸汽腔向内凹的形状。同时,隔夹层的渗透性与蒸汽腔发育具有对应关系。隔夹层中渗透率较高的部位蒸汽腔首先向上扩展,而其余部位均比较平整(图 2-4-3)。

表 2-4-1 有无隔夹层的模拟结果对比

方案	生产时间/d	产油量/(10⁴ t)	累积注汽量/(10⁴ t)	油汽比	采出程度/%	采油速度/%
无隔夹层	2 890	70.7	158.7	0.265	35.9	4.1
有隔夹层	3 200	71.3	176.3	0.25	36.2	3.72

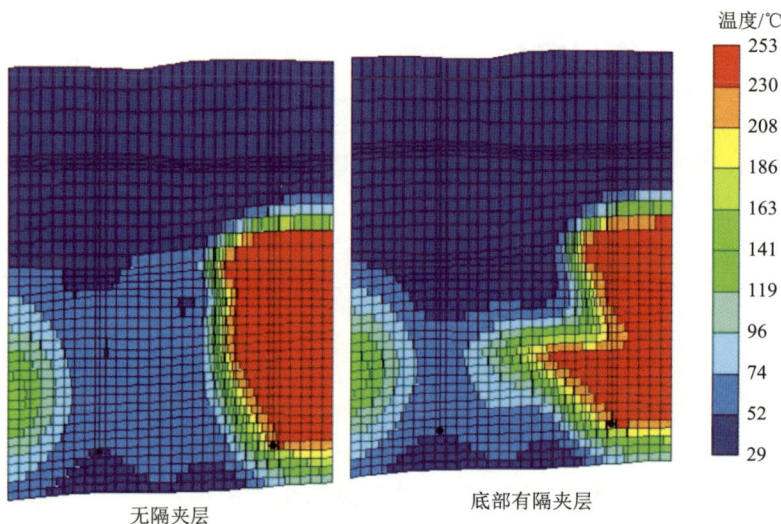

图 2-4-3 有无隔夹层蒸汽腔扩展形态对比

6) 油藏非均质性

这里的油藏非均质性主要指一个单砂层内部垂向上储层性质的变化。它是直接控制和影响蒸汽在油层垂向上波及体积的关键地质因素。从油藏工程角度分析,储层层内非均质性主要有两大方面:一是层内最高渗透率所处的位置以及层内各段间渗透率的差异程度;二是垂向渗透率和水平渗透率的比值,它们是决定流体垂向运移的重要因素。

模拟结果表明:

(1)在相同平均渗透率条件下,存在两种情况:① 对同一渗透率变异系数、同一级差,正韵律开发效果最好,生产时间长,采油量、采油速度高;均质油藏次之,效果较好;复合韵律再次之;反韵律效果最差;② 对不同渗透率变异系数、不同级差,变异系数、级差越大,复合韵律和反韵律效果越接近。

(2)在不同平均渗透率(如 2 000 mD,3 000 mD,4 000 mD,5 540 mD,1 mD=10^{-3} μm^2),同一渗透率变异系数、同一级差条件下,存在两种情况:① 无论是正韵律、反韵律、复合韵律,还是均质油藏,平均渗透率越高,生产效果越好;② 平均渗透率越低,复合韵律和反韵律效果越接近。见表 2-4-2。

表 2-4-2　不同平均渗透率韵律模型模拟结果

模拟结果			生产时间/d	采油量/(10^4 t)	油汽比
正韵律	平均渗透率/mD	5 540	3 280	77.3	0.272
		4 000	3 350	75.1	0.256
		3 000	3 400	71.2	0.239
		2 000	3 470	64.1	0.211
反韵律	平均渗透率/mD	5 540	3 250	73.1	0.257
		4 000	3 300	69.6	0.241
		3 000	3 360	66.1	0.225
		2 000	3 420	59.4	0.198
复合韵律	平均渗透率/mD	5 540	3 250	73.5	0.258
		4 000	3 310	70.2	0.242
		3 000	3 370	66.4	0.225
		2 000	3 430	59.6	0.199

因此,在 SAGD 开发过程中,正韵律有利于发挥蒸汽超覆作用,蒸汽干度越高,该作用发挥得越好;在油藏非均质较强时,复合韵律和反韵律对 SAGD 效果影响不大;渗透率越高,SAGD 采油速度越快,生产效果越好。该结论适合任何韵律沉积。

7)底水的影响

一般油藏都存在底水。底水的存在会降低 SAGD 过程的原油采收率,但总的来说,影响并不大。这是因为在 SAGD 生产过程中,蒸汽压力是稳定的,且水平井采油的生产压差很小,不会引起大的水锥,油水界面可基本保持稳定。

2.5 SAGD 主控因素研究方法

1）数值模拟方法

对油藏地质条件和注采工艺参数进行 CFD 模拟。油藏地质参数包括油层厚度、初始含油饱和度、油藏渗透率、原油黏度和油藏隔夹层发育情况。注采工艺参数包括：① 注汽速度；② 注汽干度；③ 采注比；④ Subcool 值等。

2）参数敏感性分析法

针对地质参数（图 2-5-1）、注采工艺参数（图 2-5-2）设置油藏平均基础值后，计算不同参数变化相同幅度时，在经济极限范围内对 SAGD 采收率的影响程度，从敏感性上得出各地质参数影响的主次关系：水平段动用程度＞储量控制程度＞初始含油饱和度＞油层厚度＞地层渗透率＞原油黏度；各注采工艺参数影响排序为：注汽速度＞注汽干度＞Subcool 值＞采注比。

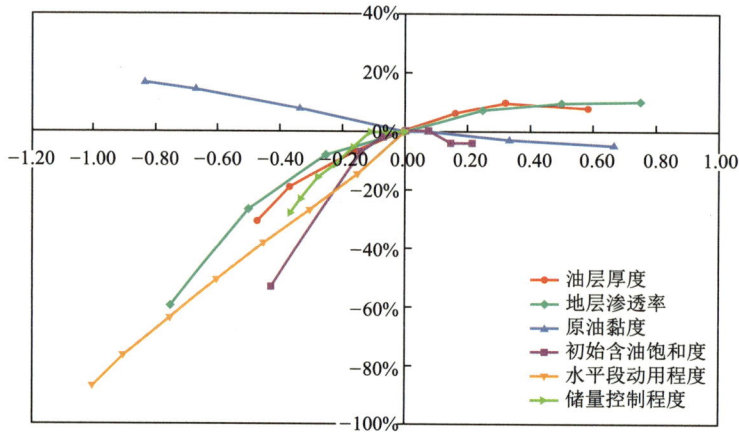

图 2-5-1 地质参数变化对经济极限采收率的影响图

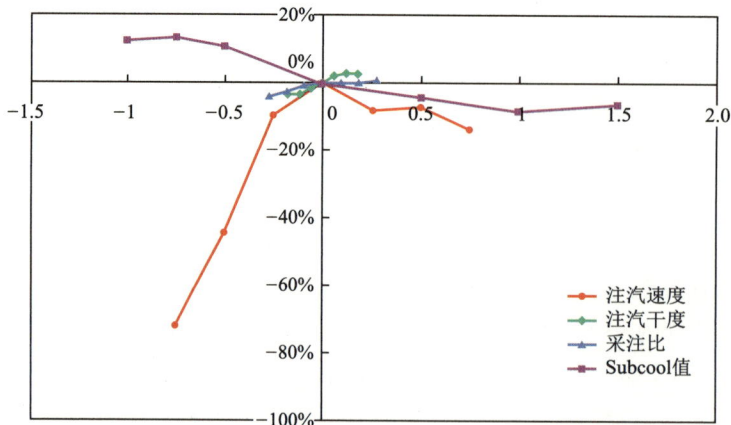

图 2-5-2 注采工艺参数变化对经济极限采收率的影响图

3）生产数据统计法

跟踪生产时间较长的数据,以产油量为目标,通过分析地质、工艺、操作方式三大类因素对生产指标的影响,分析每个井组的主控因素,最终综合确定参数。

重 1 区块不同水平段动用程度和日产油量数据显示日产油量与水平段动用程度呈较好线性关系,如图 2-5-3 所示。其中双水平井 SAGD 对水平段动用程度由实际测试结果统计得出。直井-水平井组合过程中,由于注汽井的灵活部署,一般可以认为水平井段动用程度 100%。日产油量与水平井长度呈线性关系,如图 2-5-4 所示。

同样对油藏厚度进行分析,针对兴 Ⅵ SAGD 开发进入中后期的 16 个井组进行生产动态分析,发现采油速度与油藏厚度呈较好线性关系,证明日产油量与油藏厚度呈线性关系(图 2-5-5)。

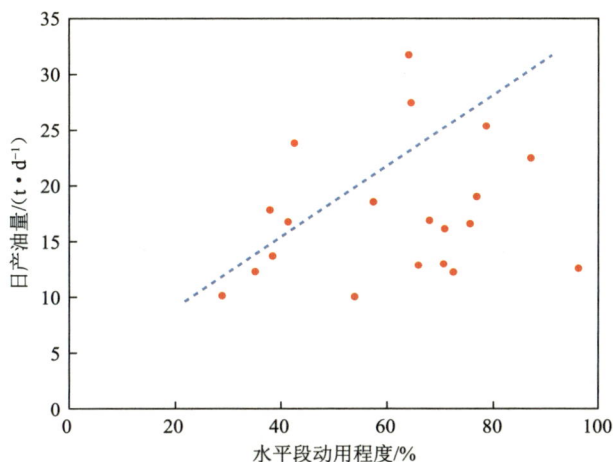

图 2-5-3　重 1 区块不同水平段动用程度与日产油量关系统计

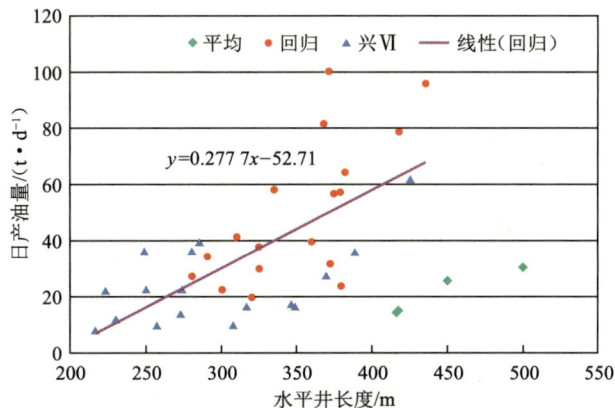

图 2-5-4　兴 Ⅵ 不同水平井长度与日产油量关系统计

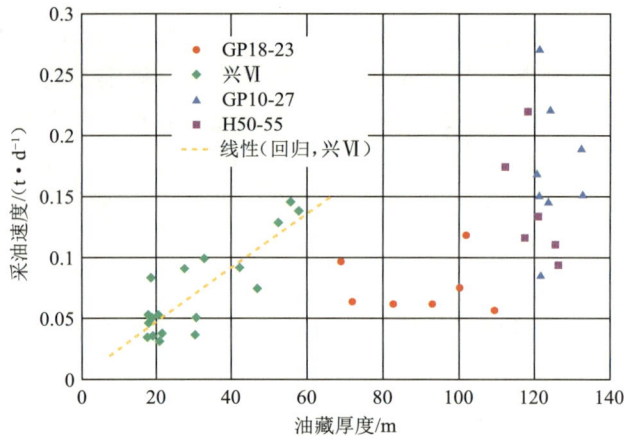

图 2-5-5　兴Ⅵ不同油藏厚度与采油速度关系统计

应用以上三种方法,对 SAGD 开发主控因素进行系统分析,确定 SAGD 开发主控因素的主次关系及影响程度。各地质参数影响程度排序为:水平段动用程度>储量控制程度>初始含油饱和度>油层厚度>地层渗透率>原油黏度。不同注采工艺参数影响程度排序为:注汽速度>注汽干度>Subcool 值>采注比。

跟踪生产数据,以产油量为目标,通过分析地质、工艺、操作方式三大类因素对生产指标的影响,分析每个井组的主控因素,最终确定影响 SAGD 开发效果的关键主控因素为水平段有效长度、油层厚度、隔夹层发育情况、井间 Subcool 控制。

参 考 文 献

[1]　王家征.SAGD 驱油过程机理分析及数值模拟研究[D].大庆:东北石油大学,2012.

[2]　魏守忠.馆陶油层 SAGD 动态调整技术[J].内蒙古石油化工,2011,37(6):87-91.

[3]　李光林.SAGD 开采技术[J].石化技术,2018,25(5):166,170.

[4]　高阳.杜 84 块超稠油油藏地质特征对 SAGD 开发效果影响因素分析[D].大庆:东北石油大学,2018.

[5]　陈新宇,张继成,冯阳.断块稠油油藏剩余油分布特征研究[J].石油化工高等学校学报,2017,30(4):55-61.

[6]　孟强.超稠油蒸汽吞吐开发规律研究[J].内江科技,2019,40(3):88-89.

[7]　邱树立.D 块稠油油藏兴隆台油层兴Ⅱ组储层物性特征[J].云南化工,2017,44(12):53-54.

[8]　郭臣,解慧,聂延波,等.塔河碳酸盐岩缝洞型油藏超稠油注氮气实验研究[J].油气藏评价与开发,2017,7(4):22-26.

[9]　段永刚,伍梓健,魏明强,等.超稠油油藏 EBIP 厚度变化模式对 SAGD 的影响[J].西南石油大学学报(自然科学版),2020,42(5):127-134.

[10]　杨建平,王诗中,林日亿,等.过热蒸汽辅助重力泄油吞吐预热模拟及方案优化[J].中国石油大学学报(自然科学版),2020,44(3):105-113.

[11]　李朋,张艳玉,孙晓飞,等.SAGD 循环预热割缝筛管参数影响规律研究[J].工程热物理学报,

2020,41(4):940-947.

[12] 刘卫东,张洪,都炳锋,等.非均质储层内夹层对 SAGD 开发的影响及技术对策[J].石油钻采工艺,
2020,42(2):236-241.

[13] 贾庆华.大庆油田地质参数对油层开发效果的影响[J].科学技术与工程,2011,11(25):6175-6177.

[14] 崔红岩.蒸汽辅助重力泄油的渗流模式研究[D].青岛:中国石油大学(华东),2010.

第 3 章
过热蒸汽锅炉

蒸汽锅炉是油田热采中应用最为广泛的设备之一,它以原油或天然气为燃料,是提供热采过程中所需高干度蒸汽的主要设备。作为一种能量转换设备,蒸汽锅炉将燃料燃烧放出的化学能中的一部分传给锅炉中流过的蒸汽。过热蒸汽发生器将饱和蒸汽经过汽水分离器进行气液两相彻底分离。分离出的干蒸汽继续加热至过热状态,避开受热区析盐;分离出的饱和水与过热后的干蒸汽进行汽化混合,产生高品质的过热蒸汽。过热蒸汽锅炉在保证生产蒸汽品质高的同时,将产生的蒸汽全部用于注汽井,极大地减少热能的损失浪费。

3.1 过热蒸汽热物理性质

对干度 100% 的水蒸气继续定压加热,此时的蒸汽温度会呈现上升趋势。将温度超过相应压力下饱和温度的蒸汽称为过热蒸汽。

注过热蒸汽稠油热采是以过热蒸汽为热载体的稠油开发方式。过热蒸汽基本概念主要包括过热蒸汽的产生过程、过热度、过热蒸汽温度与压力的特点等。在热力采油中,热焓值是一个非常重要的参数。

3.1.1 蒸汽的性质

3.1.1.1 汽化与汽化潜热

当水被加热到沸点时,在水的表面和内部会产生大量气泡,气泡升至水面时破裂开来放出水汽,水就这样逐渐地变成了水蒸气。水由液态变为气态水蒸气的过程叫作汽化。水沸腾后,继续对它加热,水的温度不再升高,始终保持在沸点温度,也就是当前压力下的饱和温度。如果停止加热,水会立即停止沸腾。可见水沸腾后所吸收的热量不是用来升高水的温度,而是用来使水汽化成蒸汽。如果在大气压力下做烧开水的实验,就会发现当把水加热到沸腾时,放在水中和放在水上部蒸汽空间的两只温度计显示相同,即沸水汽化所生成的蒸汽温度与沸水温度相同,始终保持在饱和温度,这种蒸汽叫作饱和蒸汽,这种水叫作饱和水。1 kg 饱和水完全汽化为饱和蒸汽时所需要的热量叫作汽化潜热,用符号 r 表示,单位为 J/kg。

在不同的压力下,饱和水汽化为饱和蒸汽所需的汽化潜热不相同,汽化潜热随压力升高而降低。例如:当绝对压力为 0.1 MPa 时,$r=2$ 259.2 kJ/kg;当绝对压力为 1 MPa 时,$r=2$ 018 kJ/kg;当绝对压力为 13.7 MPa 时,$r=1$ 084.4 kJ/kg;如果绝对压力增加到 22.064 MPa,汽化潜热 $r=0$。在该状态点水和水蒸气已无区别,该点称为水的临界点。在临界点水的温度为 374 ℃。表 3-1-1 为不同压力下水的汽化潜热。

表 3-1-1 不同压力下水的汽化潜热

绝对压力 p /MPa	2	4	6	8	10	12	22.064
汽化潜热 r /(kJ·kg^{-1})	1 890.76	1 713.36	1 570.81	1 441.45	1 316.75	1 194.31	0

饱和水汽化为饱和蒸汽时,比体积将大幅增加。如在 0.1 MPa 气压下,饱和水的比体积 $v'=0.001$ 126 2 m³/kg,而饱和蒸汽的比体积 $v''=0.198$ 0 m³/kg,饱和蒸汽的比体积较饱和水增大了近 175 倍。

3.1.1.2 饱和蒸汽

饱和蒸汽有干饱和蒸汽和湿饱和蒸汽两种状态。不含液态水的饱和蒸汽叫作干饱和蒸汽,它是饱和水全部被汽化而蒸汽温度仍等于该压力下的饱和温度时的状态。含有液态水的饱和蒸汽叫作湿饱和蒸汽,它是饱和水汽化过程中处于汽与水共存的状态。

1 kg 湿饱和蒸汽中含有干饱和蒸汽的质量分数称为干度,用符号 x 表示。它说明湿饱和蒸汽的干燥程度,x 值越大,则蒸汽越干燥。对于干饱和蒸汽来说,$x=1$。若干度 $x=0.9$,则表示 1 kg 湿饱和蒸汽中含干饱和蒸汽 0.9 kg,含饱和水 0.1 kg。

对于湿饱和蒸汽,其比焓 h_x 为:

$$h_x = xh'' + (1-x)h'$$
$$= h' + x(h'' - h')$$
$$= h' + xr \tag{3-1-1}$$

式中　h'——饱和水的比焓,J/kg;

　　　h''——饱和蒸汽的比焓,J/kg;

　　　r——相应压力下的汽化潜热,J/kg;

　　　x——湿饱和蒸汽的干度。

10 MPa 气压下,饱和水的比焓为 1 407.94 kJ/kg,汽化潜热为 1 316.75 kJ/kg,干度 $x=0.65$ 时湿饱和蒸汽的比焓为:

$$h_x = h' + xr$$
$$= 1\ 407.94\ \text{kJ/kg} + 0.65 \times 1\ 316.75\ \text{kJ/kg}$$
$$= 2\ 263.83\ \text{kJ/kg} \tag{3-1-2}$$

3.1.1.3 过热蒸汽

1）过热蒸汽的产生过程

若在等压条件下继续加热干饱和蒸汽,蒸汽温度便会逐渐升高,比体积也将增大,这种温度高于饱和温度的蒸汽叫作过热蒸汽。饱和蒸汽变为过热蒸汽的过程叫作过热阶段。这一阶段所吸收的热量称为过热热量。过热蒸汽温度超过饱和蒸汽温度的程度称为过热度。

过热蒸汽因有较大的热量和较低的热传导率,所以不像饱和蒸汽那样易于凝结,在气温下降至饱和温度之前不会凝结成水。由于过热蒸汽比饱和蒸汽具有更大的做功能力,所以常被用作汽轮机、蒸汽机等设备的动力;过热蒸汽也拥有比湿饱和蒸汽更高的热量,因此在油田注汽热采时使用过热蒸汽将会提高稠油油藏的动用程度,进而提高采收率,获得更高的经济效益。

锅炉运行时,将水加热变成蒸汽的过程可近似看作在压力不变的情况下进行的,图 3-1-1 所示的实验说明了水加热后变成蒸汽的各个过程。把 1 kg 水放在装有活塞的容器中,然后在活塞的上面加一个重物,使活塞承受固定的压力 p,如图 3-1-1(a)所示。当容器内的水被加热到饱和温度(沸点)时,水的比体积随之增大,此状态下的水称为饱和水,如图 3-1-1(b)所示。继续加热时,饱和水就开始汽化产生蒸汽,这时水和汽的温度保持不变,仍为饱和温度,而且由于水汽化成为蒸汽,其比体积也增大了许多。由于饱和水和饱和蒸汽都同时存在于容器之中,此时的饱和蒸汽称为湿饱和蒸汽,如图 3-1-1(c)所示。继续加热直至容器内最后一滴饱和水也变为蒸汽时,这种不含水分的蒸汽称为干饱和蒸汽,如图 3-1-1(d)所示。若将容器中的干饱和蒸汽再继续加热,则干饱和蒸汽的温度开始升高,比体积也继续增大,此时的干饱和蒸汽叫作过热蒸汽,如图 3-1-1(e)所示。

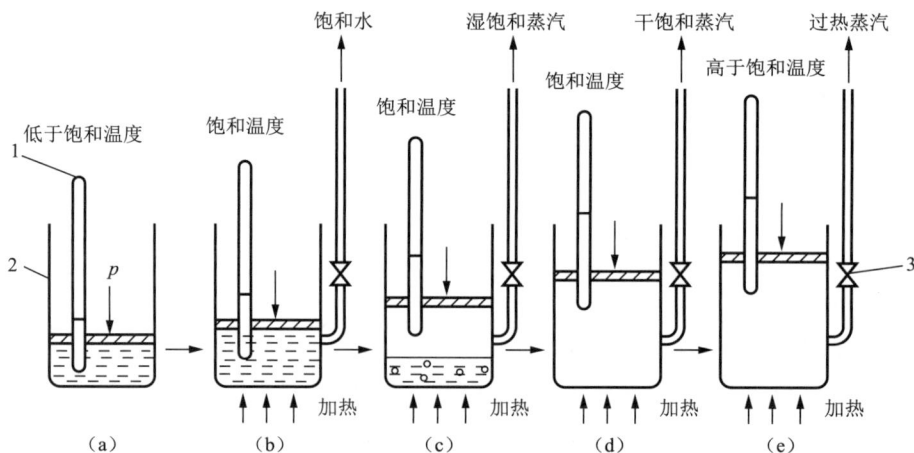

图 3-1-1 定压状态下加热汽化的过程

1—温度表;2—加热容器;3—阀门

2）过热蒸汽的热焓

过热蒸汽的比热容很低，约为 2.34 kJ/(kg·℃)，因此即使较高的过热度对载热量的贡献也很小。例如，压力为 4 MPa、过热度为 100 ℃ 时，蒸汽热比焓增加约 234 kJ/kg，仅提高 5% 左右。

对于过热蒸汽来说，进行热交换时，不会像饱和蒸汽那样立即发生相变，而是分两步释放热能。遇冷后，先释放出过热温度到饱和温度时温差所造成的热能，再发生相变，释放出汽化热量。以绝对压力 0.5 MPa、过热温度 180 ℃ 为例，第一步释放出的热能为 66 kJ/kg，第二步发生相变，释放出汽化潜热 2 107.56 kJ/kg。

过热蒸汽热交换时以上述形式释放热量，表明它的放热速度小于饱和蒸汽的放热速度。同时也表明它的气相压力下降速度比饱和蒸汽的气相压力下降速度慢，也可以说过热蒸汽的穿透能力比饱和蒸汽大。

另外，过热蒸汽是单相气体，是水的一种欠饱和状态，因此它可以释放部分热能汽化液态的水而达到饱和状态。

3）过热蒸汽的应用

过热蒸汽是发电厂的重要动力源，主要应用在发电机组的透平（涡轮机）中。过热蒸汽的优势主要有两点：过热蒸汽是单相气体，可避免产生水锤及水滴冲蚀叶轮；过热蒸汽具备更大的比体积，可以更高的流速输送，从而提高汽轮机的效率。

过热蒸汽在工业应用中主要具备以下优点：① 环保。过热蒸汽是水的一种特殊状态，工业应用无污染。随着生产企业的环保理念不断增强，过热蒸汽的优势也越来越明显。② 节能。过热蒸汽效率高，在很多行业要比饱和蒸汽更节能。

与饱和蒸汽到热水的相变过程中释放大量的热量相比，过热蒸汽冷却到饱和温度时释放的热量较少，会降低设备的性能与效率。另外，具备更高温度的过热蒸汽会在换热面形成温度梯度，产生热应力，容易造成设备损坏。

4）过热蒸汽热采技术的优势

与普通湿蒸汽热采相比，过热蒸汽热采具有更高的比焓和更大的比体积。当注汽量相同时，过热蒸汽的井底干度、加热半径更大，增产效果明显，驱油效果更好。与传统的稠油开发方式相比，注过热蒸汽技术能将湿蒸汽加热到过热蒸汽，利用过热蒸汽携带热量高、更好地加热地层的优势，提高稠油开发效果。与传统饱和蒸汽热采技术相比，过热蒸汽热采技术是提高稠油开发效果的有效途径。

3.1.2　蒸汽物理性质图表

水蒸气的参数均采用实验和分析方法求得，列成数据表以供工程计算用。各国在通过实验建立水蒸气状态方程式时所采用的理论与方法不同，测试技术有差异，其结果也不免有异。因此，基于国际会议的研究和协商制定了水蒸气热力性质的国际图表。1963 年召开的第六届国际水和水蒸气性质会议上，规定水在三相点时液相水的热力学能和熵值为零，并以此为起点编制图表，参数已达 100 MPa 和 800 ℃。1985 年第十届国际水蒸气性质大会公布了新的图表,规定了新的更严格的允差。此项研究还在继续进行,参数范围还在不断扩大。

为适应计算机的使用,在第六届国际水和水蒸气性质会议上,成立了国际公式化委员会(简称 IFC)。该委员会先后发表了"工业用 1967 年 IFC 公式"和"科学用 1968 年 IFC 公式"。现在各国使用的水和水蒸气图表一般是根据这些公式计算而编制的。目前工程计算中广泛使用图表,本节主要介绍过热蒸汽的相关图表。

3.1.2.1 *T-s* 图

水蒸气的 *T-s*(温度-比熵)图如图 3-1-2 所示,图中界限曲线将全图划分成湿区(曲线中间部分两相区)和过热区(曲线右上部分)。此外还有定干度线($x=$定值)和定压线(在湿区就是定温线,呈水平状,在过热区向右上倾斜),在详图上还有定比体积($v=$定值)线和定比热力学能($u=$定值)线,故可据任意两个已知状态参数求得其他各参数。比焓则按 $h=u+pv$ 计算得到。在进行循环分析时 *T-s* 图尤显重要。

在 *T-s* 图上,从 a 到 b 的过程中,液态水吸热,比熵增大;到达 b 后,液态水开始沸腾汽化,直至液态水全部汽化成蒸汽状态 d,此过程中温度保持不变,因此在 *T-s* 图上是一条水平线;过热蒸汽的加热过程又是吸热升温且比熵增加的过程。

当压力升高时,开始汽化的温度升高至 b',由于汽化推迟,吸热时间延长,所以汽化始点的比熵比低压下汽化始点的比熵大;但是压力升高后结束汽化的点提前至 d',且由于结束汽化的点提前较多,因此 d' 的比熵比低压下 d 点的比熵小。整个过程如图 3-1-2 中的 $a'—b'—c'—d'—e'$ 所示。

压力继续升高时,从未饱和水至过热蒸汽的过程中,开始汽化的点继续推迟,结束汽化的点继续提前,如图 3-1-2 中的 $a''—b''—c''—d''—e''$ 所示。

同样,开始汽化点的连线 $b—b'—b''$ 向右上方延伸,结束汽化点的连线 $d—d'—d''$ 向左上方延伸,即压力升高时,开始汽化越来越晚,但结束汽化越来越早。压力升高至某一值时,开始汽化的点和结束汽化的点将重合成一点,即刚刚开始汽化,汽化就结束了。

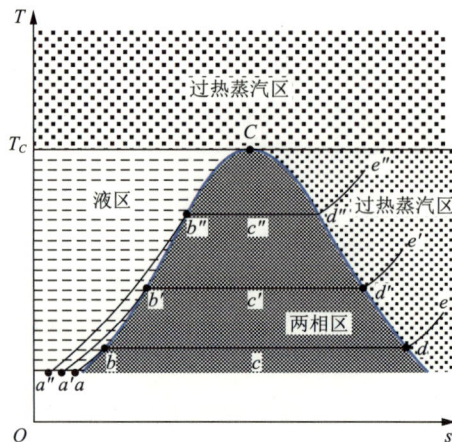

图 3-1-2 *T-s* 图

3.1.2.2　*p-v* 图

在 *p-v* 图(图 3-1-3)上,当压力有所升高时,实验发现水的比体积会有极微小的变小(基本上水是不可压缩的),加热后液态水温度升高,比体积有所增大;压力升高后水出现汽化的开始点推迟,比体积增大(热胀冷缩的时间延长),即在 *b′* 点才开始汽化;但实验发现,液态汽化完成的结束点 *d′* 提前了。整个过程如图 3-1-3 中的 *a′—b′—c′—d′—e′* 所示。

压力继续升高时,从未饱和的水至过热蒸汽的过程中,开始汽化的点继续推迟,结束汽化的点继续提前,如图 3-1-3 中的 *a″—b″—c″—d″—e″* 所示。

把开始汽化的点连起来,即 *b—b′—b″*,可发现它们是向右上方延伸的,把结束汽化的点连起来,即 *d—d′—d″*,会发现它们是向左上方延伸的,即压力升高时,开始汽化越来越晚,但结束汽化越来越早。实验发现,压力升高至某一值时,开始汽化的点和结束汽化的点将重合成一点,即刚刚开始汽化,汽化就结束了。

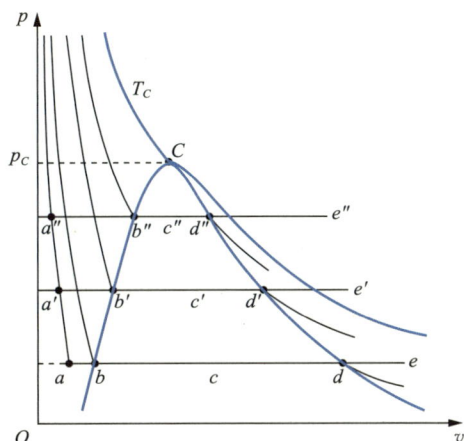

图 3-1-3　*p-v* 图

3.1.2.3　水蒸气表

水蒸气表分《饱和水和干饱和蒸汽表》和《未饱和水和过热蒸汽表》两种,其中过热蒸汽热力性质见表 3-1-2,t_s 为饱和温度。

表 3-1-2　过热蒸汽热力性质表

	$p=0.001\ \text{MPa}(t_s=6.949\ ℃)$			$p=0.005\ \text{MPa}(t_s=32.879\ ℃)$		
$t/℃$	v /(m³·kg⁻¹)	h /(kJ·kg⁻¹)	s/(kJ· kg⁻¹·K⁻¹)	v /(m³·kg⁻¹)	h /(kJ·kg⁻¹)	s/(kJ· kg⁻¹·K⁻¹)
10	130.598	2 519	8.993 8	—	—	—
20	135.226	2 537.7	9.058 8	—	—	—
40	144.475	2 575.2	9.182 3	28.854	2 574	8.434 66

$t/℃$	$p=0.001$ MPa($t_s=6.949$ ℃)			$p=0.005$ MPa($t_s=32.879$ ℃)		
	v /(m³·kg⁻¹)	h /(kJ·kg⁻¹)	s/(kJ·kg⁻¹·K⁻¹)	v /(m³·kg⁻¹)	h /(kJ·kg⁻¹)	s/(kJ·kg⁻¹·K⁻¹)
60	153.717	2 612.7	9.298 4	30.712	2 611.8	8.553 7
80	162.956	2 650.3	9.408	32.566	2 649.7	8.663 9
100	172.192	2 688	9.512	34.418	2 687.5	8.768 2
120	181.426	2 725.9	9.610 9	36.269	2 725.5	8.867 4
140	190.66	2 764	9.705 4	38.118	2 763.7	8.962
160	199.893	2 802.3	9.795 9	39.967	2 802	9.052 6
180	209.126	2 840.7	9.882 7	41.815	2 840.5	9.139 6
200	218.358	2 879.4	9.966 2	43.662	2 879.2	9.223 2
220	227.59	2 918.3	10.046 8	45.510	2 918.2	9.303 8
240	236.821	2 957.5	10.124 6	47.357	2 957.3	9.381 6
260	246.053	2 996.8	10.199 8	49.204	2 996.7	9.456 9
280	255.284	3 036.4	10.272 7	51.051	3 036.3	9.529 8
300	264.515	3 076.2	10.343 4	52.898	3 076.1	9.600 5
350	287.592	3 176.8	10.511 7	57.514	3 176.7	9.768 8
400	310.669	3 278.9	10.669 2	62.131	3 278.8	9.926 4
450	333.746	3 382.4	10.817 6	66.747	3 382.4	10.074 7
500	356.823	3 487.5	10.958 1	71.362	3 487.5	10.215 3
550	379.9	3 594.4	11.092 1	75.978	3 594.4	10.349 3
600	402.976	3 703.4	11.220 6	80.594	3 703.4	10.477 8

$t/℃$	$p=0.010$ MPa($t_s=45.799$ ℃)			$p=0.010$ MPa($t_s=99.634$ ℃)		
	v /(m³·kg⁻¹)	h /(kJ·kg⁻¹)	s/(kJ·kg⁻¹·K⁻¹)	v /(m³·kg⁻¹)	h /(kJ·kg⁻¹)	s/(kJ·kg⁻¹·K⁻¹)
60	15.336	2 610.8	8.231 3	—	—	—
80	16.268	2 648.9	8.342 2	—	—	—
100	17.196	2 686.9	8.447 1	1.696 1	2 675.9	7.360 9
120	18.124	2 725.1	8.546 6	1.793 1	2 716.3	7.466 5
140	19.05	2 763.3	8.641 4	1.888 9	2 756.2	7.565 4
160	19.976	2 801.7	8.732 2	1.983 8	2 795.8	7.659
180	20.901	2 840.2	8.819 2	2.078 3	2 835.3	7.748 2
200	21.826	2 879	8.902 9	2.172 3	2 874.8	7.833 4
220	22.75	2 918	8.983 5	2.265 9	2 914.3	7.915 2

$t/℃$	$p=0.010\ \text{MPa}(t_s=45.799\ ℃)$			$p=0.1\ \text{MPa}(t_s=99.634\ ℃)$		
	v /$(\text{m}^3 \cdot \text{kg}^{-1})$	h /$(\text{kJ} \cdot \text{kg}^{-1})$	s/$(\text{kJ} \cdot \text{kg}^{-1} \cdot \text{K}^{-1})$	v /$(\text{m}^3 \cdot \text{kg}^{-1})$	h /$(\text{kJ} \cdot \text{kg}^{-1})$	s/$(\text{kJ} \cdot \text{kg}^{-1} \cdot \text{K}^{-1})$
240	23.674	2 957.1	9.061 4	2.359 4	2 953.9	7.994
260	24.598	2 996.5	9.136 7	2.452 7	2 993.7	8.070 1
280	25.522	3 036.2	9.209 7	2.545 8	3 033.6	8.143 6
300	26.446	3 076	9.280 5	2.638 8	3 073.8	8.214 8
350	28.755	3 176.6	9.448 8	2.870 9	3 174.9	8.384
400	31.063	3 278.7	9.606 4	3.102 7	3 277.3	8.542 2
450	33.372	3 382.3	9.754 8	3.334 2	3 381.2	8.690 9
500	35.68	3 487.4	9.895 3	3.565 6	3 486.5	8.831 7
550	37.988	3 594.3	10.029 3	3.796 8	3 593.5	8.965 9
600	40.296	3 703.4	10.157 9	4.027 9	3 702.7	9.094 6

$t/℃$	$p=0.5\ \text{MPa}(t_s=151.867\ ℃)$			$p=1\ \text{MPa}(t_s=179.916\ ℃)$		
	v /$(\text{m}^3 \cdot \text{kg}^{-1})$	h /$(\text{kJ} \cdot \text{kg}^{-1})$	s/$(\text{kJ} \cdot \text{kg}^{-1} \cdot \text{K}^{-1})$	v /$(\text{m}^3 \cdot \text{kg}^{-1})$	h /$(\text{kJ} \cdot \text{kg}^{-1})$	s/$(\text{kJ} \cdot \text{kg}^{-1} \cdot \text{K}^{-1})$
160	0.383 58	2 767.2	6.864 7	—	—	—
180	0.404 5	2 811.7	6.965 1	0.194 43	2 777.9	6.586 4
200	0.424 87	2 854.9	7.058 5	0.205 9	2 827.3	6.693 1
220	0.444 85	2 897.3	7.146 2	0.216 86	2 874.2	6.790 3
240	0.464 55	2 939.2	7.229 5	0.227 45	2 919.6	6.880 4
260	0.484 04	2 980.8	7.309 1	0.237 79	2 963.8	6.965
280	0.503 36	3 022.2	7.385 3	0.247 93	3 007.3	7.045 1
300	0.522 55	3 063.6	7.458 8	0.257 93	3 050.4	7.121 6
350	0.570 12	3 167	7.631 9	0.282 47	3 157	7.299 9
400	0.617 29	3 271.1	7.792 4	0.306 58	3 263.1	7.463 8
420	0.636 08	3 312.9	7.853 7	0.316 15	3 305.6	7.526
440	0.654 83	3 354.9	7.913 5	0.325 68	3 348.2	7.586 6
450	0.664 2	3 376	7.942 8	0.330 43	3 369.6	7.616 3
460	0.673 56	3 397.2	7.971 9	0.335 18	3 390.9	7.645 6
480	0.692 26	3 439.6	8.028 9	0.344 65	3 433.8	7.703 3
500	0.710 94	3 482.2	8.084 8	0.354 10	3 476.8	7.759 7
550	0.757 55	3 589.9	8.219 8	0.377 64	3 585.4	7.895 8
600	0.804 08	3 699.6	8.349 1	0.401 09	3 695.7	8.025 9

续表 3-1-2

	$p=3$ MPa($t_s=233.893$ ℃)			$p=5$ MPa($t_s=263.980$ ℃)		
t/℃	v /(m³ · kg⁻¹)	h /(kJ · kg⁻¹)	s/(kJ · kg⁻¹ · K⁻¹)	v /(m³ · kg⁻¹)	h /(kJ · kg⁻¹)	s/(kJ · kg⁻¹ · K⁻¹)
240	0.068 184	2 823.4	6.225	—	—	—
260	0.072 828	2 884.4	6.341 7	0.001 275 1	1 134.3	2.882 9
280	0.077 101	2 940.1	6.444 3	0.042 228	2 855.8	6.086 4
300	0.084 191	2 992.4	6.537 1	0.045 301	2 923.3	6.206 4
350	0.090 52	3 114.4	6.741 4	0.051 932	3 067.4	6.447 7
400	0.099 352	3 230.1	6.919 9	0.057 804	3 194.9	6.644 6
420	0.102 787	3 275.4	6.986 4	0.060 033	3 243.6	6.715 9
440	0.106 18	3 320.5	7.050 5	0.062 216	3 291.5	6.784
450	0.107 864	3 343	7.081 7	0.063 291	3 315.2	6.817
460	0.109 54	3 365.4	7.112 5	0.064 358	3 338.8	6.849 4
480	0.112 87	3 410.1	7.172 8	0.066 469	3 385.6	6.912 5
500	0.116 174	3 454.9	7.231 4	0.068 552	3 432.2	6.973 5
550	0.124 349	3 566.9	7.371 8	0.073 664	3 548	7.118 7
600	0.132 427	3 679.9	7.505 1	0.078 675	3 663.9	7.255 3
	$p=7$ MPa($t_s=285.869$ ℃)			$p=10$ MPa($t_s=311.037$ ℃)		
t/℃	v /(m³ · kg⁻¹)	h /(kJ · kg⁻¹)	s/(kJ · kg⁻¹ · K⁻¹)	v /(m³ · kg⁻¹)	h /(kJ · kg⁻¹)	s/(kJ · kg⁻¹ · K⁻¹)
300	0.029 457	2 837.5	5.929 1	—	—	—
350	0.035 225	3 014.8	6.226 5	0.022 415	2 922.1	5.942 3
400	0.039 917	3 157.3	6.446 5	0.026 402	3 095.8	6.210 9
450	0.044 143	3 286.2	6.631 4	0.029 735	3 240.5	6.418 4
500	0.048 11	3 408.9	6.795 4	0.032 75	3 372.8	6.595 4
520	0.049 649	3 457	6.856 9	0.033 9	3 423.8	6.660 5
540	0.051 166	3 504.8	6.916 4	0.035 027	3 474.1	6.723 2
550	0.051 917	3 528.7	6.945 6	0.035 582	3 499.1	6.753 7
560	0.052 664	3 552.4	6.974 3	0.036 133	3 523.9	6.783 7
580	0.054 147	3 600	7.030 6	0.037 222	3 573.3	6.842 3
600	0.055 617	3 647.5	7.085 7	0.038 297	3 622.5	6.899 2
	$p=14$ MPa($t_s=336.707$ ℃)			$p=20$ MPa($t_s=365.789$ ℃)		
t/℃	v /(m³ · kg⁻¹)	h /(kJ · kg⁻¹)	s/(kJ · kg⁻¹ · K⁻¹)	v /(m³ · kg⁻¹)	h /(kJ · kg⁻¹)	s/(kJ · kg⁻¹ · K⁻¹)
350	0.013 218	2 751.2	5.556 4	—	—	—

t/℃	p＝14 MPa(t_s＝336.707 ℃)			p＝20 MPa(t_s＝365.789 ℃)		
	v /(m³·kg⁻¹)	h /(kJ·kg⁻¹)	s/(kJ· kg⁻¹·K⁻¹)	v /(m³·kg⁻¹)	h /(kJ·kg⁻¹)	s/(kJ· kg⁻¹·K⁻¹)
400	0.017 218	3 001.1	5.943 6	0.009 945 8	2 816.8	5.552
450	0.020 074	3 174.2	6.191 9	0.012 701 3	3 060.7	5.902 5
500	0.022 512	3 322.3	6.39	0.014 768 1	3 239.3	6.141 5
520	0.023 418	3 377.9	6.461	0.015 504 6	3 303	6.222 9
540	0.024 295	3 432.1	6.528 5	0.016 206 7	3 364	6.298 9
550	0.024 724	3 458.7	6.561 1	0.016 547 1	3 393.7	6.335 2
560	0.025 147	3 485.2	6.593 1	0.016 881 1	3 422.9	6.370 5
580	0.025 978	3 537.5	6.655 1	0.017 532 8	3 480.3	6.438 5
600	0.026 792	3 589.1	6.714 9	0.018 165 5	3 536.3	6.503 5

3.2　过热蒸汽注汽锅炉的应用

最新研究成果显示,稠油开采后期的高轮次开采主要是依靠蒸汽汽化潜热加热原油,因此蒸汽中的水不仅对生产毫无帮助,反而会占据地层孔隙体积,使采出液含水率上升,原油产量降低。为大幅度提高稠油的采收率,要求注入蒸汽干度越高越好,井底蒸汽干度达 100% 或过热为最佳。

据相关资料介绍,稠油开采采用过热蒸汽吞吐技术后,产量可增加 3～8 倍,采收率显著提高。因此,注过热蒸汽是增加稠油产量的有效途径。

目前国内外湿蒸汽热采注汽锅炉的出口蒸汽干度控制在 80% 以内,原因是采用了只软化除硬而不除盐的水处理工艺,以降低水处理的运行成本,因此必须保留至少 20% 的盐分,避免在锅炉炉管内壁上结垢,影响安全运行。为提高蒸汽干度,国内外通常的做法是:在注汽锅炉出口加装汽水分离装置,把湿蒸汽中的饱和水分离出来。虽然这样可获得高干度的蒸汽,但系统的热效率却大为降低,分离出污水的处理成本也相应增加。

为提高注井蒸汽的利用率,有效降低锅炉运行成本,贯彻执行国家节能降耗减排的政策,以及适应水平井、蒸汽驱、SAGD 等当今国内外新型采油工艺技术对热采设备的更高要求,需开发过热蒸汽注汽锅炉。目前普通注汽锅炉与过热蒸汽注汽锅炉的参数对比见表 3-2-1。过热蒸汽注汽锅炉主要有两种形式,即直流过热锅炉和汽包锅炉。

表 3-2-1　油田注汽锅炉参数对比

技术参数	普通注汽锅炉	高干度注汽锅炉	过热蒸汽注汽锅炉
额定蒸发量/(t·h⁻¹)	9～100	9～100	9～100
额定蒸汽压力/MPa	7～21	7～21	7～21

续表 3-2-1

技术参数	普通注汽锅炉	高干度注汽锅炉	过热蒸汽注汽锅炉
额定蒸汽温度	对应的饱和蒸汽温度	对应的饱和蒸汽温度	饱和蒸汽温度＋过热度
蒸汽干度	小于 80％	大于 95％	100％

3.2.1 锅炉给水处理

锅炉给水处理的主要任务是：降低水中的钙、镁盐类含量（俗称软化），防止炉管内壁结垢现象，减少水中的溶解气体（俗称除氧），以减轻对锅炉受热面的腐蚀。

水是锅炉传热的重要工质。供应数量充足、质量合格的水是锅炉安全运行的保障。不合格的水质对锅炉有三大危害。

（1）结垢：使锅炉炉管传热能力降低，并由此而造成管壁过热，使其强度下降，甚至变形或发生爆管事故。

（2）积盐：能使锅炉的热效率下降，积盐严重时可引起管壁爆裂。

（3）腐蚀：在蒸汽锅炉中，炉水不断蒸发、浓缩，碱性逐渐增大，造成对锅炉的腐蚀，影响安全生产，缩短锅炉的使用寿命。

3.2.1.1 工业锅炉水质标准

所谓水质，是指水和其中一些杂质共同表现的综合特性。水质指标有成分指标和技术指标两类。成分指标是指水中某杂质的含量，主要针对一些离子或化合物，如钙离子、氯离子、溶解氧等。技术指标是人为的规定，是为了描述水的某一方面的特性，如总硬度、含盐量、悬浮物等。

油田注汽锅炉是专用设备。它必须克服地层压力和管道阻力将蒸汽送入油层中，故其设计压力很高。虽然已经考虑到采油为野外作业，将蒸汽出口干度设计为 80％以上，在一定程度上简化了水处理，但是它对水质的要求仍然很高。油田注汽锅炉的水质标准应符合表 3-2-2 和表 3-2-3 的规定。

表 3-2-2 水处理进口水质标准

项　目	要　求
总硬度/(mg・L^{-1})	＜300
总悬浮固体含量/(mg・L^{-1})	＜5
总铁含量/(mg・L^{-1})	＜0.3
总溶解固体物含量/(mg・L^{-1})	＜7 000
碱度/(mg・L^{-1})	＜2 000
pH	7～12
油含量/(mg・L^{-1})	＜2
硅含量/(mg・L^{-1})	＜0.15

表 3-2-3　锅炉用水水质标准

项　目	要　求
总硬度/(mg·L^{-1})	<0.25
总悬浮固体含量/(mg·L^{-1})	<1
总铁含量/(mg·L^{-1})	<0.1
溶解氧含量/(mg·L^{-1})	<0.01
总溶解固体物含量/(mg·L^{-1})	<7 000
碱度/(mg·L^{-1})	<2 000
pH	7~12
油含量/(mg·L^{-1})	<0.3

3.2.1.2　锅炉水质处理

1）给水软化：离子交换器

固体物质在水中结合了某种离子，而本身释放出等物质的量的另一种离子，这个过程称为离子交换。凡是能够起到离子交换作用的固体物质就称为离子交换剂。

在实际水处理过程中，都是将离子交换树脂装填在圆柱形的设备中，形成一定厚度的树脂层，原水以一定流速通过树脂层，进行动态交换。这种水处理设备称为离子交换器。如果用于软化水处理，则称为离子交换软化器。离子交换器包括运行和再生两个过程，并且这两个工作过程是循环进行的。

（1）离子交换器的运行过程。

由于水和交换剂层的接触次序不同，离子交换在交换剂层中依次进行，即 Ca^{2+}，Mg^{2+} 在交换器中的交换过程是分层进行的。如图 3-2-1 所示，当水由上部进入 Na^+ 型交换剂层时，水中 Ca^{2+}，Mg^{2+} 首先接触到位于上部的交换剂层 1，在其中与 Na^+ 进行交换，被软化的水经下面几层流出。当层 1 失去交换能力后，离子交换工作就转入层 2 中进行；层 2 失效后，交换工作就深入层 3 中进行；依此类推，直到层 4 失效。层 5 的 Na^+ 一般是不参与交换的，称之为保护层。当交换剂失效到层 5 上缘，出口水残余硬度开始增加到 8 mg/L 时，离子交换剂就"失效"。钠离子交换剂的运行曲线如图 3-2-2 所示。

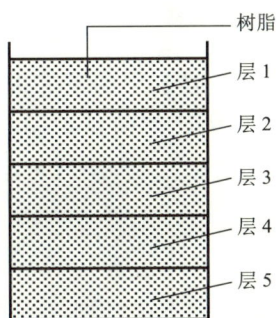

图 3-2-1　离子交换层的接触次序　　　　图 3-2-2　钠离子交换剂运行曲线

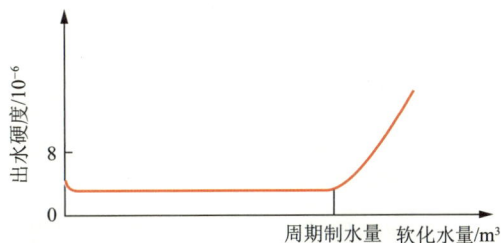

（2）离子交换器的再生过程。

离子交换器运行至终点后，若出水水质不能满足用水要求，则应停止工作。为恢复交换器内树脂的交换能力，必须用专门配制的药液进行处理，使其重新转变成所要求的形态，这种处理过程称为再生（也称为还原）。

在离子交换整个过程中，再生这一环节具有特殊的意义。再生的进行程度不但对以后运行时的工作交换容量、出水水质有直接影响，而且再生剂的消耗量在很大程度上决定着离子交换系统运行的经济费用。离子交换器的再生过程分反洗、再生、置换及正洗四个步骤。

（3）离子交换器的结构。

① 顺流再生离子交换器，主要由壳体、上层进水分配器、进盐分配器和下层分配器四部分组成，如图 3-2-3（a）所示。再生溶液从交换剂层的上部进入，下部排出。其特点是再生盐耗较多。因为新的再生溶液在接触上部交换剂层时，生成含 $CaCl_2$，$MgCl_2$ 等硬度很高的废液，废液的流过导致再生滤液失效，因而增加了盐耗。

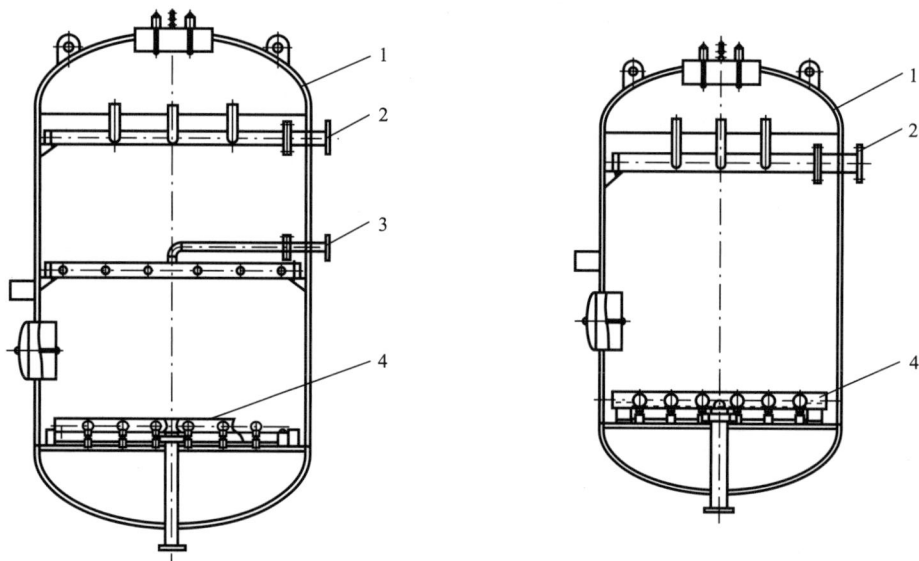

（a）顺流再生离子交换器　　　　　　　（b）逆流再生离子交换器

图 3-2-3　离子交换器的结构

1—壳体；2—上层进水分配器；3—进盐分配器；4—下层分配器

② 逆流再生离子交换器，如图 3-2-3（b）所示。再生溶液从交换剂层的下部进入，上部排出。其特点是再生盐耗较少，作用时间较长。因为再生过程中底部的保护层接触的是新鲜的再生剂，不会失效，所以可降低耗盐量。但再生还原时切忌乱层，逆流再生所需的时间比顺流再生长。

2）给水除氧

将水中溶解氧除去的途径主要有物理方法、化学方法和电化学方法三种。

（1）物理方法。

根据亨利定律可知,任何气体同时存在于水面上,气体的溶解度仅与其本身的分压力有关（成正比）。在一定压力下,随着水温升高,水蒸气的分压力增大,而空气和氧气的分压力越来越小。在 100 ℃时,氧气的分压力降低到零,水中的溶解氧也降低到零。当水面上压力小于大气压力时,氧气的溶解度在较低水温时也可达到零。因此,随着水温的升高,减小其中氧的溶解度,就可使水中氧气逸出。另外,水面上空间氧气分子被排出,或转变成其他气体,从而氧的分压力为零,水中氧气就不断地逸出。采用物理方法除氧,是利用物理的方法将水中的氧气析出,常用的有热力除氧法、真空除氧法、膜真空除氧法和解析除氧法等。热力除氧法是通过加温使水达到饱和态来达到除氧的目的;真空除氧法是通过减压使水达到饱和态来达到除氧的目的;膜真空除氧法则是利用一种特殊的疏水透气材料解决真空除氧器汽水处于同一压力空间的问题,使除氧的能耗大大降低;解析除氧法是利用加入一种其他惰性气体使氧气的分压力降低来达到除氧的目的。

（2）化学方法。

化学方法除氧主要是利用化学反应来除去水中含有的氧气,使水中的溶解氧在进入锅炉前就转变成稳定的金属或其他药剂的化合物,从而将其消除。常用的有还原铁粉过滤除氧法、树脂除氧法和药剂除氧法等。

（3）电化学方法。

电化学方法除氧是应用电化学保护的原理,人为地在除氧器中使用一种易氧化的金属（常用铝）发生电化学腐蚀。电化学除氧器与外界电源相连接,其中电源的阴极与设备相连,阳极与发生腐蚀的金属相连。水流过除氧器时,水中溶解氧在除氧器中人为造成的阳极上发生腐蚀并被消耗,从而达到除氧的效果,同时除氧器也得到保护。

3.2.2　直流过热锅炉

直流过热锅炉没有汽包,整个锅炉是由许多管子并联,然后用联箱（或弯头）串联而成。在给水泵的压头作用下,工质依顺序依次通过加热、蒸发和过热受热面。进口工质为水,出口工质为过热蒸汽。由于没有汽包,所以在加热水和蒸发受热面之间,以及在蒸发和过热受热面之间,都没有固定的分界线。沿直流锅炉管子,工质的状态和参数的变化如图 3-2-4 所示。

由于直流过热锅炉没有汽包,所以具有以下特点:

（1）不受压力限制,运行中适用于任何压力,尤其是超高压力。

（2）无汽包且炉管管径小,可节省钢材,使炉体质量较轻,便于制造、安装和运输。

（3）由于强制工质流动,锅炉的蒸发受热面的管子布置比较自由。

（4）无汽包和采用直径较小的蒸发管,使整个锅炉存水量较少,也就是说锅炉存储的热量较小,从而可快速启停和升降负荷。直流锅炉的启动和停炉一般不超过 1 h。

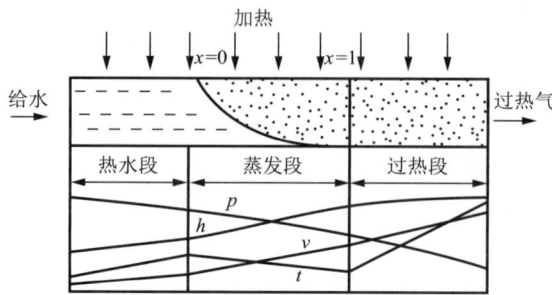

图 3-2-4 直流锅炉工作原理

p—压力曲线；h—比焓曲线；v—比体积曲线；t—温度曲线

直流过热锅炉对水质要求比汽包过热锅炉高,水经过锅炉辐射段后直接进入过热段进行蒸汽的过热,虽然其结构较为简单,但其生产成本较高,如图 3-2-5 所示。

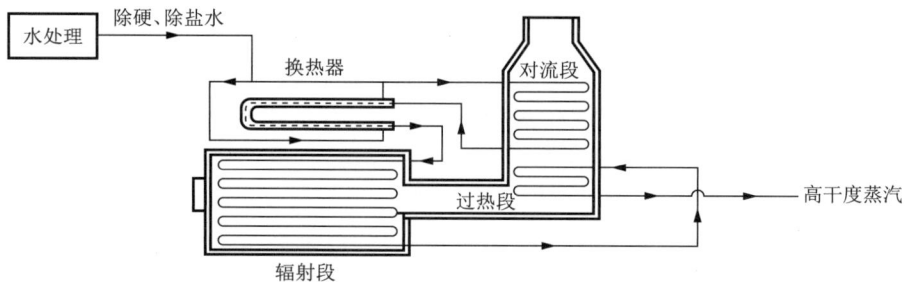

图 3-2-5 直流过热锅炉系统流程图

3.2.3 汽包过热锅炉

汽包过热锅炉在锅炉出口加装汽水分离器,把湿蒸汽中的饱和水分离出来,饱和蒸汽经过过热段加热成过热蒸汽。虽然这样可获得高干度的蒸汽,但是系统的效率大大降低,且会增加分离出的污水的处理成本。

水处理装置来的锅炉给水经过高压柱塞泵升压进入水换热器,使给水温度提高到110 ℃左右,以避免烟气对管壁的低温腐蚀。经预热后的水进入对流段尾部的省煤器,在这里吸收热量后再进入水换热器作为热源加热给水,经冷却后进入辐射段。水在辐射段经加热变为70%~80%干度的湿饱和蒸汽,然后进入汽水分离装置进行汽水分离。分离出的99%以上干度的蒸汽再进入过热器中,完成换热的过热蒸汽进入喷水减温器,与汽水分离器分离出的饱和水进行混合,混合后的高温高干度蒸汽通过注汽管线注入油井,如图3-2-6 所示。过热蒸汽所含的热量高,能够释放更多的热量来加热稠油;增加注入井底蒸汽的气相,能够使蒸汽带增大,加热的地层面积也随之增大;利用过热蒸汽开采稠油能够减少含水量,降低污水的处理成本。

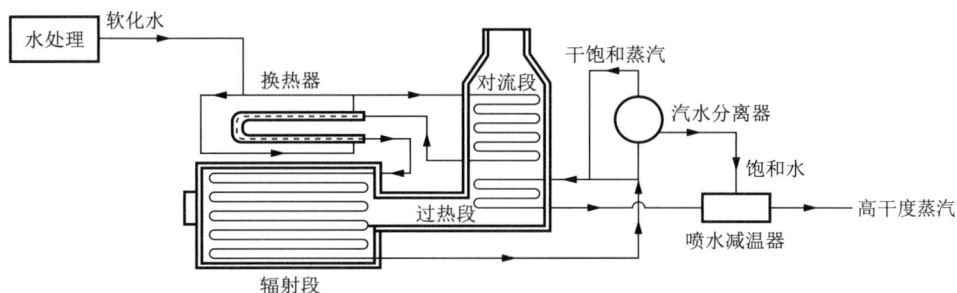

图 3-2-6　汽包过热锅炉系统流程图

3.2.4　油田注汽锅炉型号说明

1）SG 型号

在 SG20-NDST-26，SG50-NDS-20，SG50-NDS-25，SG50-NDS-14.710 这些型号中，各字符所代表的意义如下：

SG——蒸汽发生器；

20，50——分别代表两种锅炉的输出热量，单位 10^6 BTU/h（1 BTU/h＝2.930 17×

　　　　　10^{-1} W）；

N——燃烧器类型（北美）；

D——燃料种类，表示油气双重；

S——自动化程度；

T——拖车式（无 T 为撬装式）；

20，25，26——分别表示工作压力为 2 000 psi，2 500 psi 和 2 600 psi（1 psi＝6.894 76×

　　　　　　10^3 Pa）；

14.710——表示工作压力为 14.710 MPa。

2）DI 型号

在 DI-150-SG/ND-2000 中，DI 表示丹尼尔工业公司，其他同 SG 型号。

3）FG 型号

在 FG-630 中，FG 表示东北抚顺产锅炉，630 表示锅炉输出热量（630×10^4 cal/h，1 cal＝4.184 J）。

4）SF 型号

在 SF-52.8/17.2-YQ 中：

SF——上海四方锅炉厂；

YQ——油田注汽锅炉；

52.8——锅炉输出热量为 52.8×10^6 kJ/h；

17.2——工作压力为 17.2 MPa。

5）YZG 型号

在 YZG22.5-17.2/360-D，YZGM9.2-17.2/360-G，YZG22.5-21/360-G，YZGM9.2-21/360-G，YZG22.5-9.5/360-G，YZG9.2-17.2/360G，YZG9.2-9.5/360-G 这些型号中：

YZG——油田专用注汽锅炉；

22.5，9.2——分别表示锅炉蒸发量为 22.5 t/h，9.2 t/h；

21，17.2，9.5——分别表示锅炉蒸汽出口压力为 21 MPa，17.2 MPa，9.5 MPa；

360——额定蒸汽温度，℃；

D，G——分别表示双燃料、天然气；

M——移动车载锅炉。

3.2.5　过热蒸汽注汽锅炉的现场应用

3.2.5.1　辽河油田现场应用

辽河油田欢喜岭采油厂使用 YZG23-17.2/380-D 型过热蒸汽注汽锅炉，设计参数见表 3-2-4，现场图片如图 3-2-7 所示。

表 3-2-4　YZG23-17.2/380-D 型过热蒸汽注汽锅炉参数

额定蒸发量	额定工作压力	蒸汽温度	过热度	热效率	燃烧方式	控制方式	装载方式
23 t/h	17.2 MPa	380 ℃	27 ℃	≥88%	重油＋天然气	PLC＋触摸屏＋工控机	撬装式

图 3-2-7　辽河油田欢喜岭采油厂 YZG23-17.2/380-D 型过热蒸汽注汽锅炉现场图

3.2.5.2　新疆油田现场应用

新疆油田采油一厂采用 YZG20-9.8/360-D 型过热蒸汽注汽锅炉,设计参数见表 3-2-5,现场图片如图 3-2-8 所示。

表 3-2-5　YZG20-9.8/360-D 型过热蒸汽注汽锅炉参数

额定 蒸发量	额定 工作压力	蒸汽 温度	过热度	热效率	燃烧方式	控制方式	装载 方式
20 t/h	9.8 MPa	360 ℃	51 ℃	≥88%	重油+ 天然气	PLC+触摸屏 +工控机	撬装式

图 3-2-8　新疆油田采油一厂 YZG20-9.8/360-D 型过热蒸汽注汽锅炉现场图

3.2.5.3　胜利油田现场应用

胜利油田孤岛采油厂采用 YZG30-17.2/375-D 型过热蒸汽注汽锅炉,设计参数见表 3-2-6,现场图片如图 3-2-9 所示。

表 3-2-6　YZG30-17.2/375-D 型过热蒸汽注汽锅炉参数

额定 蒸发量	额定 工作压力	蒸汽 温度	过热度	热效率	燃烧方式	控制方式	装载 方式
20 t/h	9.8 MPa	360 ℃	51 ℃	≥88%	重油+ 天然气	PLC+触摸屏 +工控机	撬装式

图 3-2-9　胜利油田孤岛采油厂 YZG30-17.2/375-D 型过热蒸汽注汽锅炉现场图

3.3　过热蒸汽锅炉结构

油田注汽锅炉是蒸汽热力采油的关键设备,随着热采规模的不断扩大,油田注汽锅炉的数量越来越多。油田注汽锅炉的结构布置基本相同,都由锅炉本体设备和辅助设备两部分组成的,见表 3-3-1。

表 3-3-1　锅炉结构

	锅炉本体设备	水汽系统:辐射段、对流段、过热段、汽水分离器
		燃烧系统:燃烧器、炉壳、炉衬
油田注汽锅炉	锅炉辅助设备	燃烧设备:油过滤器、油加热器、天然气分离器等
		供风设备:空压机、干燥器等
		锅炉附件:安全阀、自力式压力调节器、截止阀等
		动力电器系统:空气开关、磁力启动器、电动机等
		仪表与自控系统:压力表、温度表、调节器、微机等

油田注汽锅炉是为注蒸汽热采而专门设计的一种新型工业锅炉。因油田注汽锅炉必须将产生的蒸汽强制送入地下油层,所以它的设计工作压力须不小于地层内部压力。锅炉给水泵就是油田注汽锅炉产生高压的设备,锅炉给水泵一般为柱塞泵。在柱塞泵的作用下,经过水处理的软化脱氧水被强制依次通过预热器、对流段、辐射段、过热段各受热面,将达到质量要求的蒸汽注入地下。

油田注汽锅炉配有较高的自动控制系统。锅炉设计中有自动点火、自动运行管理和自动停炉装置。只要在点炉前做好准备,按要求设置好各控制开关的位置,锅炉就可自动完成点火全过程。在运行过程中,锅炉自动调节系统能维持锅炉在给定的工作压力下工作。燃料自动跟踪系统可自动跟踪水量的变化而改变燃料量和鼓风量,以确保锅炉蒸汽出口干度在要求的范围内波动,同时自动检测压力、温度、灭火等参数,发现超限和不正常时立即发出停炉信号并自动停炉后吹扫。

　　此外,油田注汽锅炉上大量使用了自力式压力、温度调节器,不需要外加能源,可独立完成各种类型控制,控制方式简单方便、可靠,很少出现故障,维修工作量也很少。

3.3.1　水汽系统

　　过热蒸汽锅炉水汽系统主要由辐射段、对流段、过热段、省煤段、汽水分离器及喷水减温器等组成,如图 3-3-1 所示。辐射段采用卧式直流结构,单炉管水平往复布置。过热段是由单根光管水平往复组成的矩形结构,位于辐射段出口处的高温烟气区域,其功能是将干饱和蒸汽继续加热升温。对流段内密布炉管,烟气以较大的流速冲刷炉管,进行有效的对流换热。省煤段是由单根翅片管水平往复组成的梯形结构,位于烟气低温区域,其功能是将烟气温度进一步降低,提高锅炉热效率。汽水分离器是一球形容器,其内设置四个独立的旋风分离器,在旋风分离器上部及蒸汽出口处设置了一、二次分离元件——百叶窗分离器,可进一步分离蒸汽中的细小水滴,其分离效率高达 99% 以上,可满足过热器对蒸汽品质的要求。在辐射段出口增设锅外汽水分离装置,既可达到汽包式锅炉的功能,又不用对水质做深度除盐处理,可大大降低锅炉运行成本。喷水减温器是目前锅炉行业调节过热蒸汽温度最常用的设备,减温水以高于过热蒸汽至少 0.4 MPa 的压差注入减温器,通过减温器内部的喷水嘴以雾状方式喷射到过热蒸汽中,与过热蒸汽混合,从而降低过热蒸汽温度,调节蒸汽干度。

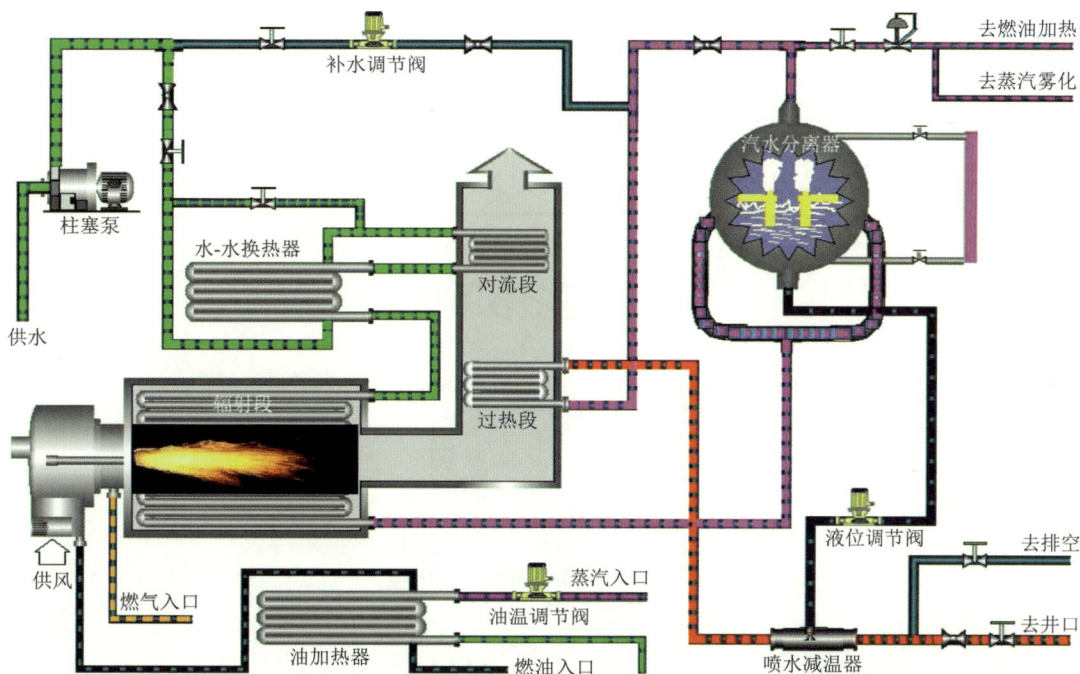

图 3-3-1　过热蒸汽锅炉结构图

　　蒸汽出口汽水分离器有卧式和立式两种,如图 3-3-2 所示。

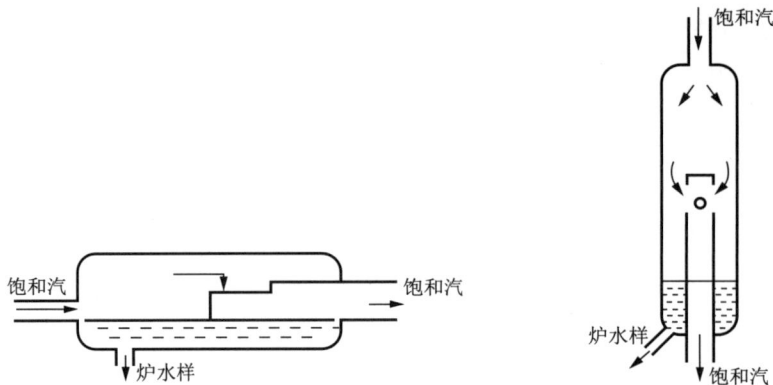

图 3-3-2　汽水分离器样式

3.3.2　燃气与引燃系统

如图 3-3-3 所示,天然气经流量计后分成两路。一路是燃气系统,天然气通过手动球阀和两个电动阀进入压力调节器,天然气压力降低,保持在 1.5 kPa 左右并送入膨胀管,经过蝶阀调节后进入燃烧器,蝶阀和风门受气动执行器联动控制,膨胀管起稳定缓冲作用。停炉时,两个电动阀速断关闭,放空电磁阀打开排气。另一路是引燃系统,天然气经手阀进入压力调节器,气压降为 13.8 kPa 左右,再经两个电磁阀进入压力调节器,气压进一步降到 1.5 kPa 左右后再进入点火枪。在天然气进口处装有低压报警开关,当压力低于设定值时可自动发出停炉报警信号。有些锅炉在膨胀管处还安装有天然气压力高报警开关,当天然气压力高于设定值(0.2 MPa 左右)时会自动发出报警停炉信号。

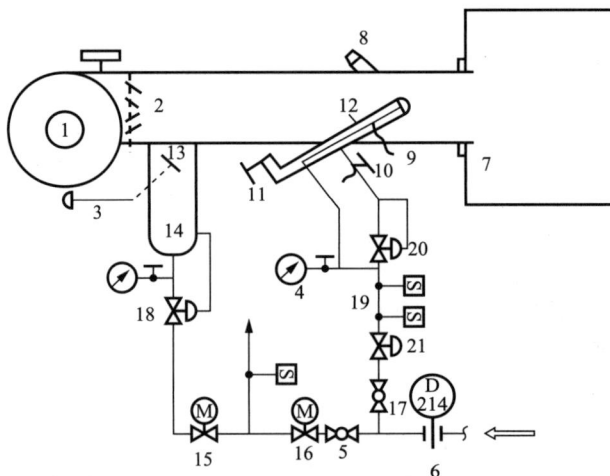

图 3-3-3　燃气与引燃系统

1—鼓风机;2—风门;3—电动执行器;4—压力表;5,17—球阀;6—天然气流量记录仪;7—炉膛;
8—紫外线火焰检测器;9—点火火花塞;10—调节螺钉;11—空气调节螺钉;12—引燃火嘴;13—蝶阀;
14—膨胀管;15,16—电动阀;18—133L 型气体调节阀;19—电磁阀;20—压力调节器

需要特别说明的是,在点火枪内部点火分为两步,首先火花塞打火将点火枪环形空间内压力为 1.5 kPa 的天然气引着,紧接着把从点火枪中间管送进去的压力为 13.8 kPa 的天然气点着。了解这一点有助于处理引燃火点不着的故障。

3.3.3　燃油与雾化

如图 3-3-4 所示,从油泵房来的渣油温度为 50～60 ℃,压力为 1.0 MPa,经蒸汽加热器燃油升温到 95～120 ℃,燃油温度由自力式调节器控制。锅炉点炉初期没有蒸汽,这时要用电加热器来加温。电加热器上有自动调温开关,当电加热燃油温度达到调温开关给定的温度时,电加热器将自动切断。当油温低于调温开关给定的温度时,电加热器自动投入运行。电加热器上调温开关的设定点要比蒸汽加热自力式调节器的温度设定点略低一些。电加热器出口装有油温过低的报警开关,当油温低于设定值时发出自动报警停炉信号。燃油经过滤器和 95H 压力调节器后油压维持在要求的值。98HP 回油压力调节器能自动调节进油压力。在 95H 压力调节器后装有油压低报警开关,当油压低于设定值时发出自动报警停炉信号。安全泄压阀在压力超高时打开,将燃油送回油管线。燃油经燃油控制蝶阀和两个燃油电磁阀(或一个电动阀)及流量计进入油喷嘴。

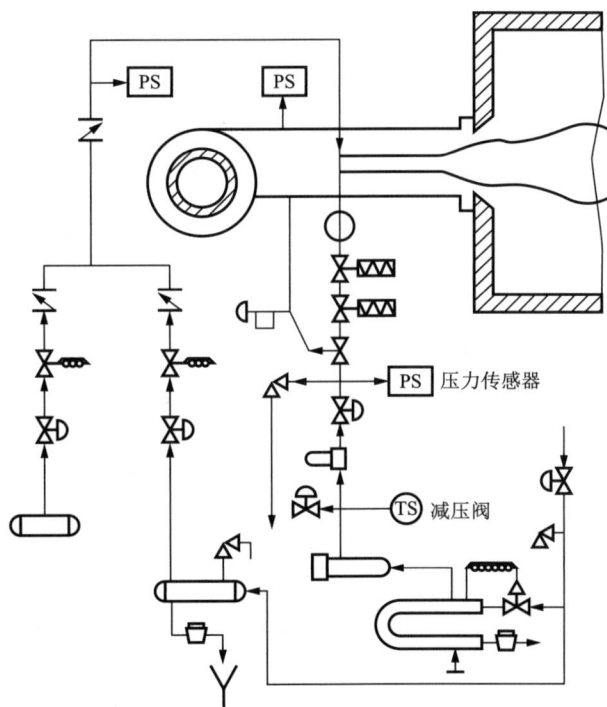

图 3-3-4　燃油与雾化

燃油时可采用空气或蒸汽两种雾化方式。点炉初期用空气雾化,由压缩空气供气,空气经空气压力调节器和空气雾化电磁阀及单流阀送进喷嘴。当锅炉蒸汽出口温度达到

200 ℃以上时,便可进行雾化切换,这时风门处于小火位置,并将引燃火焰点着。应防止切换过程中灭火。从蒸汽出口汽水分离器出来的蒸汽经 1 000 hp(1 hp＝735.499 W)压力调节器维持压力在 0.08～0.1 MPa,管路上安装一只 1.4～1.6 MPa 的安全阀,超压时自动泄压。蒸汽进入雾化蒸汽分离器,管路中凝结的水通过疏水器排掉,蒸汽经压力调节器、蒸汽雾化电磁阀及单流阀进入油嘴。雾化蒸汽分离器上安装一只 1.4～1.6 MPa 的安全阀,保护分离器免受超压。在雾化总管线上装有雾化压力低报警开关,当雾化压力低于设定值(一般为 0.25～0.3 MPa)时发出自动报警停炉信号。有些锅炉上还装有雾化压力高报警开关,当雾化压力高于设定值(一般为 0.6～0.7 MPa)时发出自动报警停炉信号。

3.3.4　锅炉本体结构

油田注汽锅炉一般为卧式设计,根据要求不同,锅炉可放在橇座上或者拖车上。图 3-3-5 所示为 SG50 油田注汽锅炉总体图,圆筒形的辐射段和箱形的对流段用半圆形通道的过渡段连接,构成锅炉炉体总成。

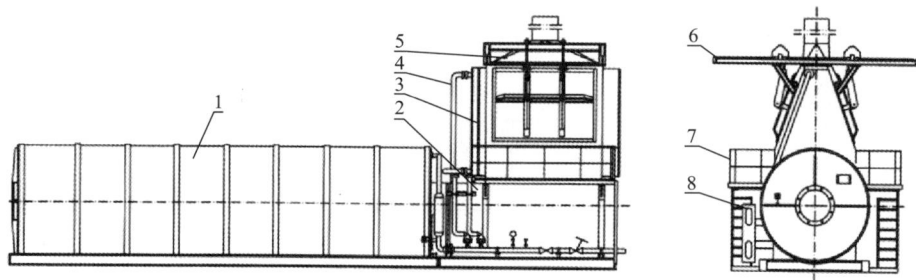

图 3-3-5　SG50 油田注汽锅炉总体图
1—辐射段;2—过渡段;3—对流段;4—外部管路;
5—烟囱与烟囱过渡管;6—悬吊装置;7—平台扶梯;8—给水预热器

3.3.4.1　给水预热器

给水预热器是一种双管换热器结构,图 3-3-6 所示为 SG50 锅炉给水预热器结构图。SG20 锅炉为单回程布置,SG50 为双回程布置。

从对流段出来的高温水进入预热器内管,从柱塞泵出来的水进入外管。两流向相反,换热效果较好。在预热器内管外壁上按 30°方向螺旋布置 $\phi4.5$ mm×13 mm 或 $\phi5$ mm×13 mm 的圆钢,一方面作为内管扶正支承件,另一方面可改善换热效果。

预热器出口到对流段进口水温必须高于烟气露点。对流段水温低于露点会造成对流段低温腐蚀,这是由烟气中含有 SO_2 和 H_2SO_4 蒸气,在低于露点的温度下 SO_2 和 H_2O 反应生成的 H_2SO_4 凝结到对流管束上会造成腐蚀。

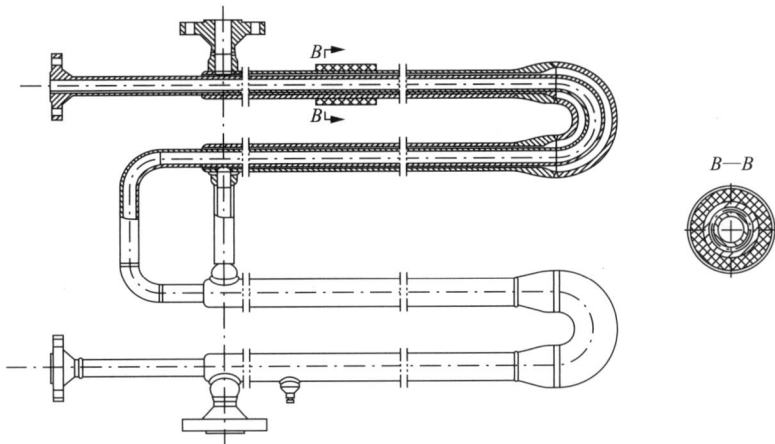

图 3-3-6　SG50 锅炉给水预热器结构

3.3.4.2　对流段

　　对流段是烟气和给水的换热器,从外观看对流段有方形和梯形两种结构。梯形对流段由于烟气通道面积逐渐变小,相应烟气流速逐渐增加,烟气冲刷效果好,不易积灰。两种对流段结构如图 3-3-7 和图 3-3-8 所示,两种对流段剖面图如图 3-3-9 和图 3-3-10 所示。

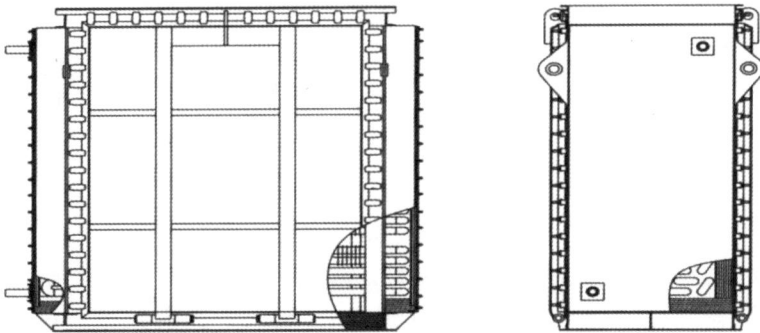

图 3-3-7　方形对流段

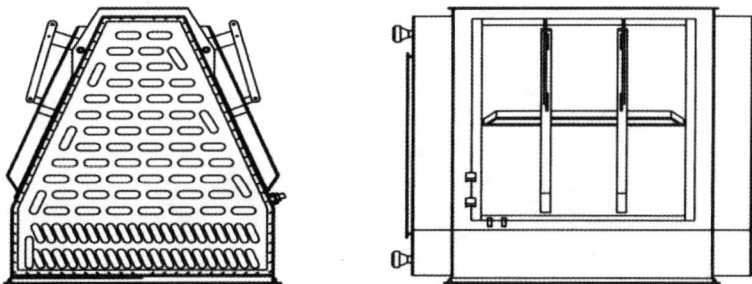

图 3-3-8　梯形对流段

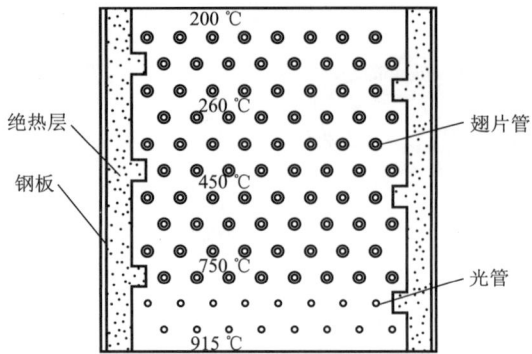

图 3-3-9　方形对流段剖面

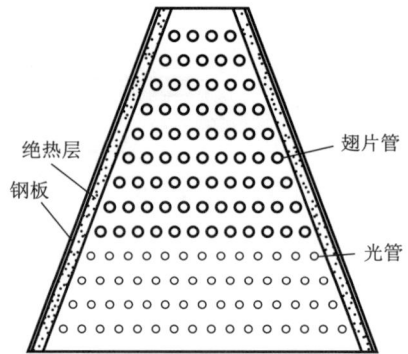

图 3-3-10　梯形对流段剖面

对流段的炉管是单路和直管，并在炉壳内水平多层平行往复排列。从预热器来的水从上部进，下部出，烟气和水逆流换热。对流管束由光管和翅片管组成。翅片管是在光管外螺旋缠绕薄钢带，并用高频焊接（或氩气保护焊）和炉管焊牢而成。

对流管采用翅片管加大受热面积。完成同样的换热量，翅片管仅为光管的 1/3。因此使用翅片管不仅可节省钢材，而且使对流段结构紧凑，便于运输、安装等。但在对流段入口处烟气温度高达 870～980 ℃，如此高的温度会烧坏翅片管，所以一般在对流段下部 3～4 层采用光管。高温烟气先经过光管将温度降至 650～760 ℃，再经过翅片管，因此这几层光管也称为温度缓冲管。对流管束结构和布置设计应使传热系数最高，烟道气压力降为最小，炉壳侧墙和翅片管的最大间隙为 1/4，不能过大，以防烟道气不经过翅片管束而沿壳内壁窜走，造成烟气短路而降低锅炉热效率。

对流段侧盖下部装有转轴，以此为中心可打开对流段侧盖，或在对流段上部装有导轨和滑轮，以将对流段侧盖平移开。打开对流段侧盖可清除对流段翅片管和光管上的积灰。

3.3.4.3　辐射段

辐射段外壳是 5 mm 左右的钢板，内部衬以隔热层和耐火层组成的炉衬（也有的外部全部用硅酸铝陶瓷纤维）。外壳内焊接人字形抓钉，伸入炉衬内并将炉衬紧固在外壳上，如图 3-3-11 所示。

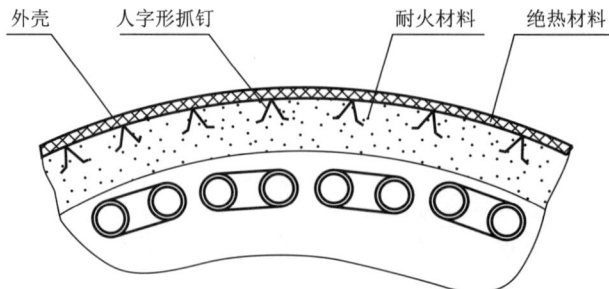

图 3-3-11　辐射段结构图

人字形抓钉用 304 合金钢丝（8％Ni、18％Cr 合金）或不锈钢丝（1Cr18Ni9T）折制而成。炉壳外部焊有 T 形加强环。

辐射段炉管是单路和直管，沿炉衬内壁水平方向往复排列。炉管支承支架为合金铸造件，焊接固定在炉壳上。

3.3.4.4　过渡段

过渡段是连接辐射段和对流段的半圆形通道，如图 3-3-12 所示。

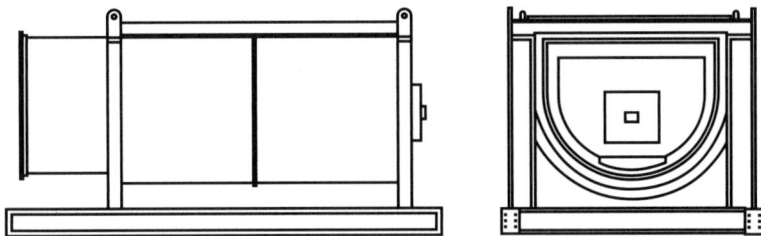

图 3-3-12　过渡段结构图

过渡段底部有排污孔，用于对流段吹灰时排放冲下的污水，以及其他原因造成的积水和积油等。过道底部有通往排污孔的排污沟，以便把污物收集在排污沟内，然后通过底部的排污孔排出炉外。

3.3.4.5　燃烧器

1）北美油气两用燃烧器

油田注汽锅炉燃烧器一般采用北美油气两用燃烧器。它是一种组装式的全自动燃烧器，机械乳化式喷燃器采用压缩空气或蒸汽作为雾化介质，燃烧器的调节比达 4∶1。

以 6131-G-Cr-62.5 为例，燃烧器型号意义如下：

6——油、气双燃料；

131——带鼓风机；

G——火焰尺寸；

Cr——燃油为原油或渣油；

62.5——产生热值为 62.5×10^6 BTU（66×10^6 kJ/h）。

燃烧器结构如图 3-3-13 所示。

（1）鼓风机及挠性软管。

鼓风机为悬臂式安装，为燃烧器提供足量燃烧用助燃空气。鼓风机出口接头（方圆）的一端接鼓风机出口，另一端接挠性软管。挠性软管的另一端接到燃烧器本体上。鼓风机输出的空气经风机出口接头及挠性软管进入燃烧器。

（2）调风机构：由风道壳、风门及其传动杆系、进气壳导风孔板等组成。

风道壳及进气壳的内壁构成助燃空气的通道。气动执行机构过传动杆系统，带动 4 扇风门板转动，变动风门的开度可调节进风量的大小。导风板孔是有 12 个辐射条的星形

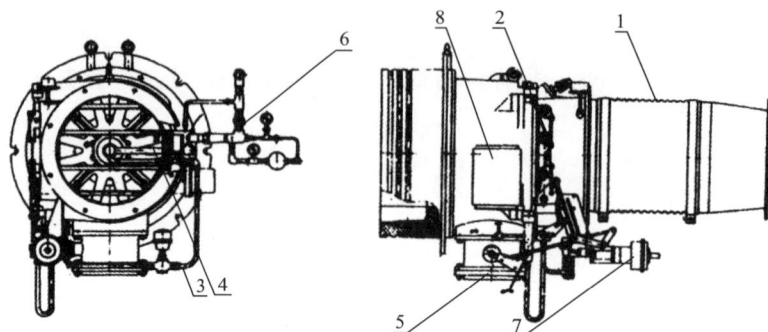

图 3-3-13　燃烧器结构图
1—鼓风机及挠性软管；2—调风机构；3—燃油组件；4—燃烧器组件；
5—天然气系统及喉口砖；6—点火系统；7—气动执行机构；8—电气接线箱及控制元件

挡板,孔板上有许多小孔,孔板中央有一个大圆孔。鼓风机来的助燃空气经过风门(调节风量)后,通过导风孔板中央的圆孔、辐射条之间的扇形空间及孔板上许多小孔进入炉膛。导风孔板使助燃空气比较均匀地进入炉膛,而且有稳定火焰的作用。

(3)燃油组件:由进油管、燃油调节阀、燃油软管、主油阀、手动球阀、溢流阀、恒功率电加热带等组成。

燃油经进油管、燃油软管进入燃油调节阀,气动执行机构根据锅炉负荷的变化通过拉杆带动燃油调节阀的阀杆转动。改变燃油调节阀的开度可改变进入喷燃器的燃油量。

(4)燃烧器组件:包括油管、蒸汽管、恒功率电加热带、加热环、喷油嘴等。

从燃油系统来的燃油进入喷燃器。油管上绕有恒功率电加热带,喷油嘴后部的加热环内装有管状加热器,均用于管内燃油的保温。

喷油嘴由雾化片组件、分油头及压紧螺帽组成,油与雾化介质在分油头与压紧螺帽之间混合并乳化。乳化油在一定压力下,经雾化片切向槽,到雾化片与盖板内圆锥状旋涡室旋转后,在出口呈雾状喷出。油路靠 O 形圈密封,乳化油靠盖板与压紧螺帽帽端面密封。

燃油经喷油嘴喷出时形成 90°～100° 的雾化锥,向四周扩散并与周围空气混合,形成可燃混合物,加速着火和燃烧。

雾化介质在冷炉启动时采用压缩空气,待锅炉燃烧稳定,蒸汽的干度大于 40% 时可切换成蒸汽雾化。

(5)天然气系统及喉口砖:燃烧器有一个底部的天然气进口接天然气蝶阀,蝶阀出口与燃烧器进气壳的夹层相通。喉口砖一端与进气壳连接,另一端伸入炉膛与锅炉本体连接。喉口砖本体为合金铸铁,带有开槽的安全孔,通过螺栓将整个燃烧器固定在锅炉本体上。喉口砖本体上有耐火水泥浇注成型的喉口部分,耐火水泥可以承受 1 450 ℃ 的高温并具有良好的绝热性。

喉口砖与进气壳相接的端面上耐火水泥形成的凹槽作为天然气喷口,天然气由此喷入炉膛,与助燃空气混合并着火燃烧。

喉口砖进一步促进空气与燃料(油雾或天然气)的混合,并通过喉口的热辐射加速空气与燃料形成的可燃混合物的着火。

（6）点火系统：包括天然气两次减压阀、天然气混合器、引燃枪、点火室、点火变压器、火花塞等。

点火时两个引燃电磁阀同时开启，一次减压后的天然气进入细长的管状引燃枪，两次减压后的天然气进入天然气的混合器并与助燃空气混合，形成可燃混合气体。混合气体经文丘里管进入点火室，从其喷射孔喷出时被电火花点燃。点燃的火苗将引燃枪喷出的一次减压后的天然气点燃，形成稳定的点火火炬并将燃料引燃。

（7）气动执行机构：锅炉负荷变化时，气动执行机构根据负荷（水量）变化的信号，利用压缩空气为动力，实现水-火跟踪及适当的燃料-空气配比。

气动执行机构为薄膜式结构，输入气压为 0.25 MPa，信号压力为 0.02～0.10 MPa，输出为传动轴的角位移，传动轴转动使风门、燃油调节阀和天然气蝶阀联动。气动执行机构的输出特征通过阀门定位器来调整，以达到水-火跟踪和适当的燃料-空气配比。

（8）电气接线箱及控制元件：燃烧器上装了风门联锁开关、大小火开关和助燃空气微压开关等控制元件，并备有电气接线箱一个。

控制元件通过电气接线箱、电缆线与锅炉控制柜连接。燃烧器冷炉启动时，油泵房来的燃油须经燃油电热器加热，使进入喷燃器的燃油运动黏度达到 $(21～32)\times10^{-6}$ m^2/s。安装在燃油调节阀及喷燃器加热环上的管状电加热器投入使用 20～30 min 后，可以开始点火程序。

2）扎克燃烧器

近年来，德国扎克 SG-A-148-45 紧凑式燃烧器逐渐在油田注汽锅炉上得到应用。

（1）燃烧器结构。

燃烧器由外壳和燃烧头两部分组成，如图 3-3-14 所示。燃烧器外壳包括风箱、风门及电气插座式连接等；燃烧头包括火焰筒及稳焰器等，整个燃烧头往左或往右摇出。不同长度的燃烧头配置使燃烧器可应用于不同厚度耐火砖的锅炉。燃气喷嘴及稳焰器设置在混合装置的正中央位置。稳焰器可沿着燃烧头中心点前后移动及调节，当燃烧负荷挡位变化时，与之相匹配的空气量可实现无级调整。燃料和风量的最佳混合可保证锅炉的最佳效率。燃烧器的配件均容易更换。当燃烧器安装在锅炉上时，只要将燃烧头摇出，通过喉管部位就可方便地对燃烧器的稳焰器和火焰筒进行维修或拆卸更换。燃烧器是单枪式设计。标准化的配件更可适用于燃油、燃气及油气两用的燃烧器上。

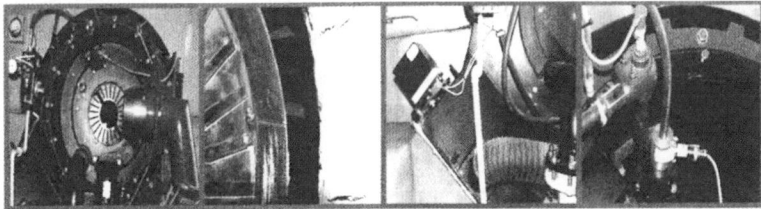

图 3-3-14 扎克燃烧器

（2）燃烧器燃烧机理。

气环式燃烧器燃气流和空气流在炉口以垂直的方向进行混合，混合更为充分。天然气流经两个安全截止阀、气体调节阀,进入调风器内的集成气体分配器,4 个可调的二次天然气气体喷嘴可保证火焰的稳定性。为保证充分燃烧,燃烧空气中央空气箱分为 3 个部分,即一、二、三次风部分。一次风(大约总风量的 10%)在二次风挡风板前被截取,经过一次风风道、一次风挡风板、一次风风机及环状间隙,在转杯雾化器周围旋转导入,完成燃烧过程;燃烧空气的主要部分经过二次风挡风板、燃烧器调风器,二次风经外环和可调的内环进入炉膛,火焰形状(长度、直径)可调节,火焰稳定性好;三次风经过调节环和稳焰盘、点火器和火焰监测器并用空气冷却,这股风在二次风挡风板前被截取,如图 3-3-15 所示。

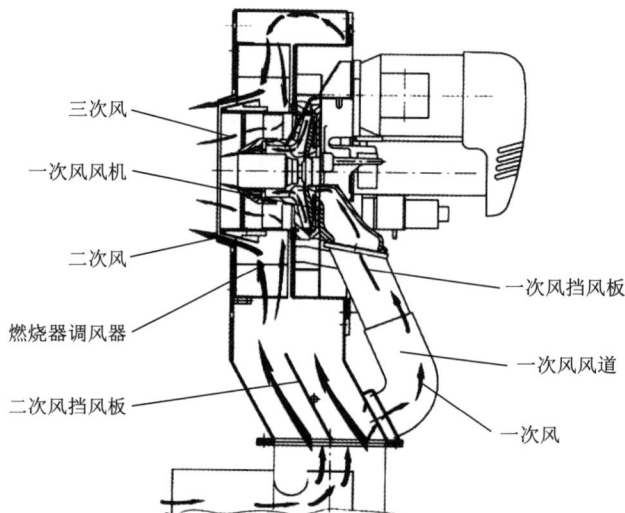

图 3-3-15 锅炉各次风导入图

扎克燃烧器采用气环式燃烧器,燃气流和空气流在炉口进行混合。从图中可以看出,一次燃料与空气垂直混合,二次燃料与空气平行混合,这种分段燃烧的方式可降低燃烧过程中氮氧化合物的产生,使燃气混合更为充分,火焰不裂解、不发红,并呈透明状。

(3)燃烧器控制方式。

扎克燃烧器采用 Etamatic 型电子复合调节型控制器,其风门和气门的开度由相应的位置传感器通过电阻信号反馈给控制器。该信号与存入的曲线设定值相比较,经运算处理后输出 220 V 的脉冲电压给风门和气门的伺服电机,调节风门和气门的开度,使风量和气量与设定值相一致,同时在调节过程中采用符合燃烧原理的方式(风追气、气追风策略)。

3)两种燃烧器参数

两种燃烧器参数对比见表 3-3-2。

表 3-3-2 燃烧器参数对比表

项　　目	扎克公司	北美公司
名　　称	紧凑式燃烧器	北美油气两用燃烧器
型　　号	SG-A-148-45	6131-G-Cr-62.5
输出功率	1.81~16.98 MW	18.31 MW

项　目	扎克公司	北美公司
燃料类型	天然气	油气两用
燃烧方式	回旋式垂直交叉混合	扩散式
控制方式	电子式负荷控制器	气动执行器
控制器元器件	Etamatic	OMRON C200H
气体调节阀	RS251 300～400 mbar DN150 （DUNGS 公司）	133L 或 166 系列 （Fisher 公司）
燃烧空气风机	MHI45 45 kW	50 hp 37.5 kW

3.3.4.6　加热炉

加热炉可采用 4 种结构形式，分别是立式盘管式、卧式盘管式、管架式、锅壳式，如图 3-3-16 所示。

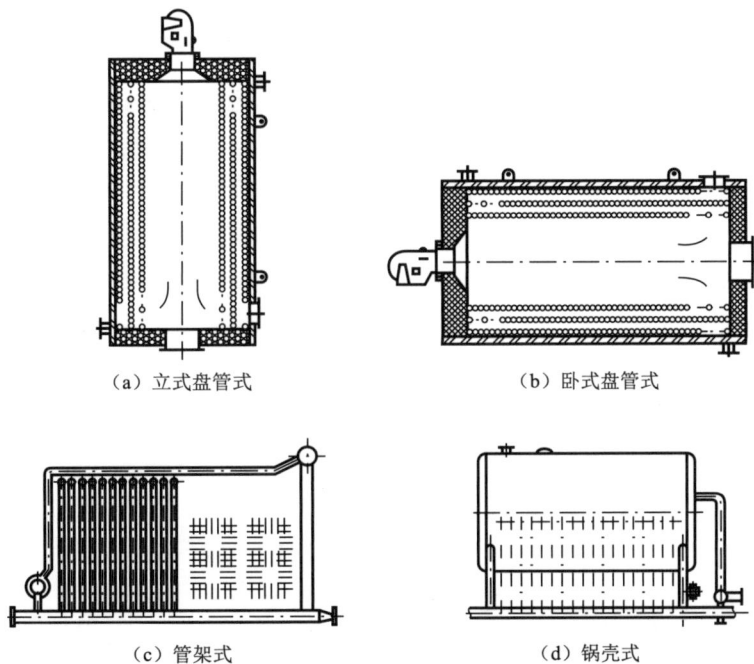

（a）立式盘管式　　　　（b）卧式盘管式

（c）管架式　　　　（d）锅壳式

图 3-3-16　加热炉结构形式

3.3.5　常规注汽锅炉输出过热蒸汽的技术方案

1）湿蒸汽注汽锅炉＋汽水分离器技术方案

水处理采用油田常规水处理方式，即只除去水中的硬度而不除盐。锅炉与常规注汽锅炉结构一致,只是在出口增加一个汽水分离器。锅炉运行时,在辐射段产生 80％干度的湿蒸汽,湿蒸汽进入汽水分离器分离,得到的高干度蒸汽注入井底加热稠油,而分离出的饱和水作为热源加热给水,提高给水水温。其流程如图 3-3-17 所示。

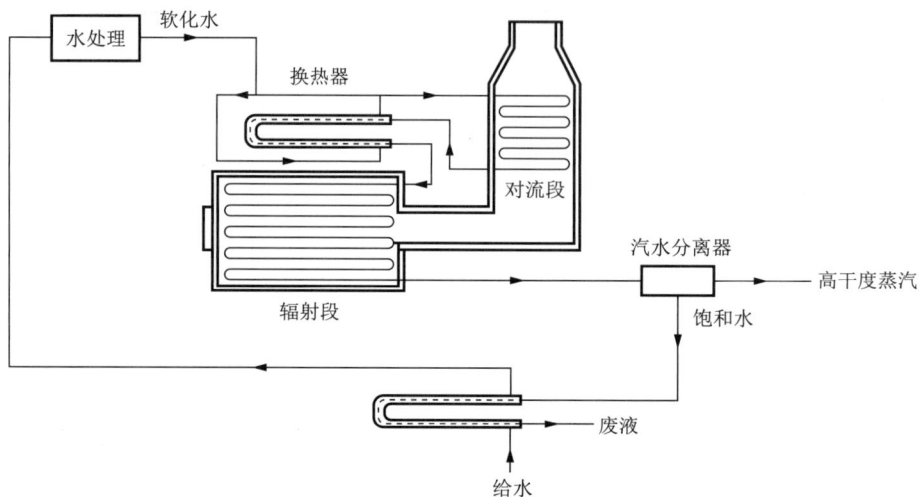

图 3-3-17　汽水流程图

该方法采用只除硬不除盐水的处理方式,可以有效降低注汽锅炉的水处理成本。但汽水分离器分离出的饱和水为高含盐水,会增加污水的排放量,同时由于水温较高,排放后会造成较大的热量损失,锅炉能量有效利用率降低。

2）过热蒸汽技术方案

水处理仍采用常规油田水处理方式,锅炉由辐射段、过热段、对流段组成。锅炉运行时,在辐射段产生湿饱和蒸汽(干度控制在 75％)。该湿蒸汽进入汽水分离器进行分离,分离出的干饱和蒸汽在过热段内吸热,产生较高温度的过热蒸汽。高温过热蒸汽进入喷水减温器,与汽水分离器分离出的饱和水混合,产生低过热度的高干度蒸汽,达到稠油开采工艺要求。其流程如图 3-3-18 所示。

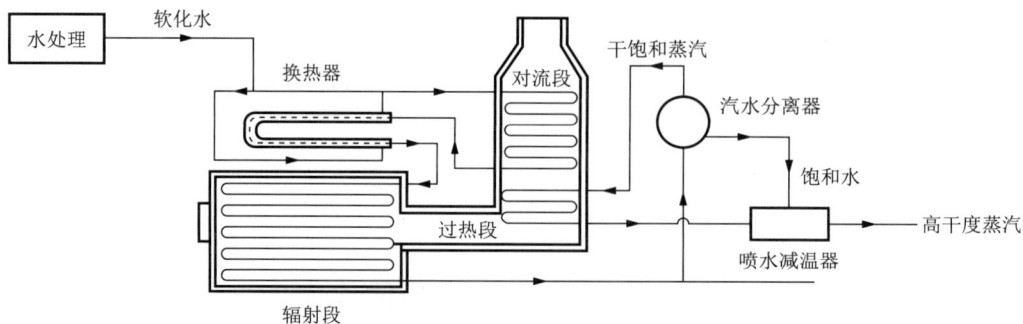

图 3-3-18　汽水流程图

该方案的锅炉给水仍采用软化水,水处理成本低。汽水分离器分离出的饱和水在喷水减温器中与过热器出口的高过热度蒸汽混合,一方面使蒸汽过热度降低以满足工艺开采,另一方面可解决排污水的处理问题,实现零排放,同时有效利用锅炉的热量。

3)深度水处理技术方案

水处理采用深度处理形式,要求给水不仅除硬,还需除去水中的 Na^+ 等盐离子,水质指标与电站锅炉一致。锅炉水质好,因此不需汽水分离装置,高干度蒸汽可一次通过所有受热面,如图 3-3-19 所示。采用该方案对水处理要求高,锅炉的运行成本较高。

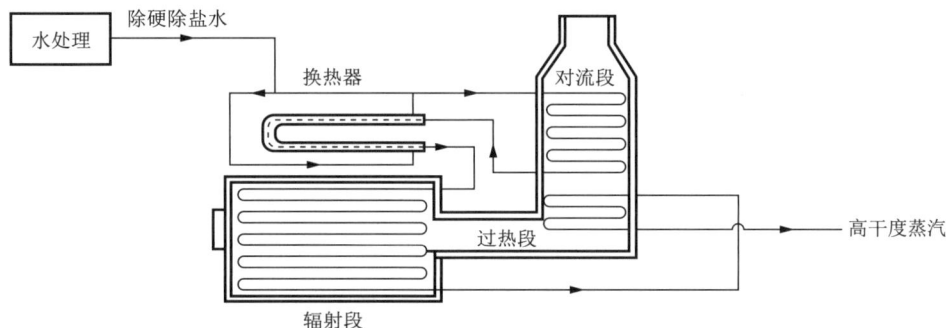

图 3-3-19 汽水流程图

3.3.6 常规注汽锅炉输出高干度蒸汽的技术方案

1)水处理(除硬)+湿蒸汽注汽锅炉+高效汽水分离器技术方案

水处理采用油田常规水处理方式,即只除去水中的硬度而不除盐。它与常规注汽锅炉输出过热蒸汽中湿蒸汽注汽锅炉+汽水分离技术方案相同。

2)水处理(除硬除盐)+高干度蒸汽注汽锅炉

水处理要求给水不仅除硬,还需除去水中的 Na^+ 等盐离子,水质指标与电站锅炉一致。由于锅炉水质好,所以不需汽水分离装置,高干度蒸汽可一次通过所有受热面,如图 3-3-19 所示。

3)水处理(除硬)+湿蒸汽注汽锅炉+外置加热系统

水处理采用油田常规水处理方式,即只除去水中的硬度而不除盐。锅炉与常规注汽锅炉结构一致,只是在出口增加一个外置加热系统。锅炉运行时,在辐射段产生 80% 干度的湿蒸汽,通过外置加热系统生成高干度蒸汽,如图 3-3-20 所示。

外置加热系统可采用熔盐加热系统。熔盐加热系统由熔盐加热炉、循环泵及熔融槽构成。熔盐由熔融槽经循环泵流入熔盐加热炉加温后,以一定的出口温度向用热设备输送,供热后,再循环回到熔融槽。因此,熔盐加热系统属于液相循环系统。熔盐加热系统的工艺流程如图 3-3-21 所示。

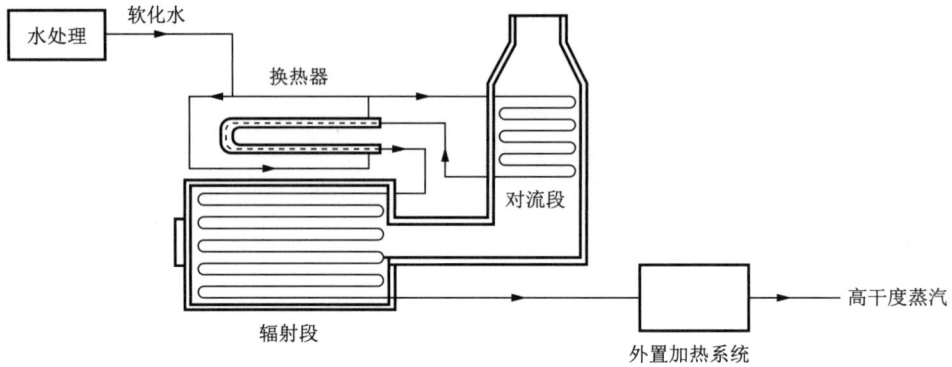

图 3-3-20 汽水流程图

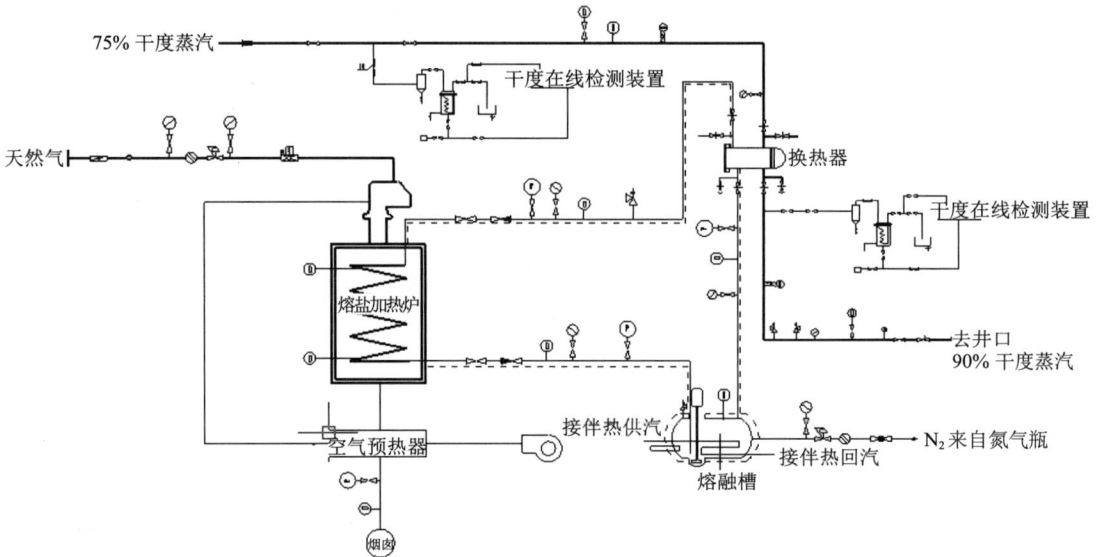

图 3-3-21 熔盐加热系统工艺流程图

3.4 过热蒸汽锅炉设计计算

3.4.1 锅炉的热平衡方程

锅炉产生蒸汽的热量主要来源于燃料燃烧放出的热量,但是由于种种原因,送入锅炉内的燃料不可能完全燃烧,并且燃料所放出的热量也不可能全部有效地用于生产蒸汽,其中必有一部分热量损失。为确定锅炉的热效率,需要建立正常工况下的锅炉热量收支平衡关系,通常称为"热平衡"。

锅炉热平衡以 1 kg 固体燃料或液体燃料(气体燃料以标准状态下 1 m³)为单位进行讨论。1 kg 燃料带入炉内的热量、锅炉有效利用热量和损失热量之间的关系参考图 3-4-1。

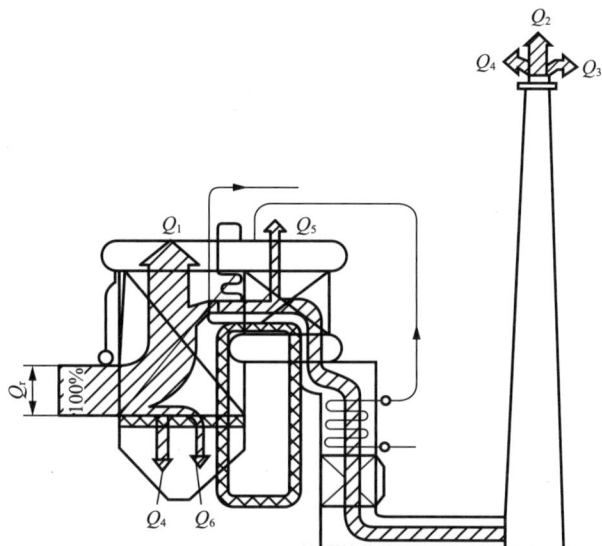

图 3-4-1　锅炉热平衡示意图

锅炉热平衡方程为:

$$Q_r = Q_1 + Q_2 + Q_3 + Q_4 + Q_5 + Q_6 \tag{3-4-1}$$

式中　Q_r——燃料实际带入锅炉的热量;

　　　Q_1——锅炉有效利用的热量;

　　　Q_2——排烟热损失;

　　　Q_3——未燃烧的可燃气体所带走的热量,或称为气体不完全燃烧热损失(化学不完全燃烧热损失);

　　　Q_4——未燃完的固体燃料所带走的热量,或称为固体不完全燃烧热损失(机械不完全燃烧热损失);

　　　Q_5——锅炉炉体的散热损失;

　　　Q_6——其他热量损失。

如果在上述等式两边除以 Q_r,则锅炉热平衡可用百分数来表示,即

$$q_1 + q_2 + q_3 + q_4 + q_5 + q_6 = 100\% \tag{3-4-2}$$

式中　$q_1, q_2, \cdots, q_6$——各类热量占燃料带入锅炉的热量的百分数。

锅炉的热效率 η_{g1} 为:

$$\eta_{g1} = q_1 = 100\% - (q_2 + q_3 + q_4 + q_5 + q_6) \tag{3-4-3}$$

1 kg 燃料带入锅炉的热量为 Q_r,一般为燃料的低位发热量。锅炉的热效率就是工质所吸收的热量占燃料完全燃烧时所放出的热量的百分数。锅炉的热效率是锅炉的重要性能及经济指标,反映了锅炉的完善性和先进性。

3.4.2　燃料消耗量

锅炉每小时燃用的燃料质量称为锅炉的燃料消耗量,用符号 B 表示。它主要取决于锅炉的容量、燃料的发热量和锅炉的热效率。

$$B = \frac{D\Delta h}{\eta_{g1}Q_d} \tag{3-4-4}$$

式中　B——燃料消耗量,kg/h;

　　　D——蒸发量,kg/h;

　　　Δh——锅炉出口蒸汽的比焓与锅炉给水的比焓差,kcal/kg;

　　　η_{g1}——锅炉的热效率,%;

　　　Q_d——燃料的低位发热量,kcal/kg。

3.4.3　燃料燃烧所需要的空气量

燃料燃烧所需要的氧气一般都取自空气。单位数量的燃料(固体及液体燃料用 1 kg,气体燃料为标准状态下 1 m³)完全燃烧时理论上所需要的空气量称为理论空气需要量,简称理论空气量。在此情况下,空气中的氧全部与燃料中的可燃成分化合,烟气中没有自由氧存在。

在锅炉实际运行中,由于燃烧设备不完善及其他因素的影响,燃料与空气的混合不可能达到理想的程度。如果仅按理论空气量供给空气,必然会使一部分燃烧因遇不到氧气而不能完全燃烧。为保证燃料能够完全燃烧,实际供给燃料燃烧的空气量 V_k(简称实际空气量)要比理论空气量 V_o 多。

实际空气量与理论空气量之比称为过剩空气系数,用 α 表示,为:

$$\alpha = \frac{V_k}{V_o} > 1 \tag{3-4-5}$$

实际空气量与理论空气量之差,称为过剩空气量,用 ΔV 表示,为:

$$\Delta V = V_k - V_o = (\alpha - 1)V_o \tag{3-4-6}$$

对同一种燃料来说,其 V_o 相同,故习惯上常用 α 表示实际空气量 V_k。例如,过剩空气系数 $\alpha = 1.2$,就是说实际供给的空气量 $V_k = 1.2V_o$。当然,燃料种类不同,其 V_o 亦不同,故相同的 α 值并不表明需要同样的实际空气量 V_k。

过剩空气系数取决于燃料种类、燃烧方式、燃烧设备的型式及运行条件等,其数值范围一般为 1.1～1.5 或更大。

参 考 文 献

[1] 王宏远.辽河油田 SAGD 开发中过热蒸汽注汽锅炉能耗分析[J].资源与产业,2017,19(4):18-21.

[2] 张若谷,彭宇宁,谢一飞,等.锅炉过热蒸汽压力控制系统设计与实现[J].测控技术,2015,34(9):88-91,106.

[3] 杨濮亦,李海永.锅炉过热蒸汽温度控制策略优化[J].热力发电,2014,43(10):100-102,115.

［4］　曹磊.循环流化床锅炉蒸汽热力系统的综合优化研究［D］.天津:天津大学,2012.

［5］　崔志强.电站锅炉蒸汽压力优化控制及应用研究［D］.北京:华北电力大学,2013.

［6］　袁文强.锅炉过热蒸汽温度控制研究与仿真实现［D］.沈阳:东北大学,2017.

［7］　朱广远.区域锅炉房供热系统能量梯级利用技术经济性研究［D］.哈尔滨:哈尔滨工业大学,2014.

［8］　李兵.超临界压力锅炉过热蒸汽、再热蒸汽汽温变工况特性研究［D］.济南:山东大学,2008.

［9］　张秀珍,沈国彬,黄伟建.真空热水锅炉换热管的传热分析与设计计算［J］.中国特种设备安全,2014,30(4):33-36.

［10］　赵国凌,王安平.热力除氧蒸汽锅炉设计计算分析与评述［J］.工业锅炉,2011(5):42-46,60.

第4章
过热蒸汽地面及井筒传热流动规律

4.1　过热蒸汽地面管线工艺计算

注蒸汽开采稠油是迄今为止应用最为广泛、开采效益最高的热采方法之一。蒸汽管线作为稠油热采工艺中注汽系统的主要部件,它的能量损失大小直接影响注汽井的井口干度。锅炉中产生高温高压的蒸汽,通过稠油地面注汽管线输送到井口,然后注入井筒及地层中。蒸汽从锅炉出口注入地层的过程中存在能量损失和压力降低。蒸汽注入井底的干度直接影响稠油采收率。如果蒸汽在地面注汽管线的热量损失过大,以至于到达井口时的干度很小,则必然会使稠油采收率变低。另外,管线内蒸汽流动的压力随着管线的增长而减小,如果压力损失过大,到达井底的注汽压力将无法达到开采的注汽压力,或者无法在稠油油藏中扩散。因此,研究蒸汽在地面注汽管线内的传热规律和压力变化情况,对稠油注蒸汽开采的方案设计、技术要求和优化改进等具有深远且十分重要的意义。

4.1.1　注汽管线的热流计算模型

4.1.1.1　注汽管线热损失影响因素

稠油热采注蒸汽系统一般由注汽站内一台或多台产生高温高压蒸汽的锅炉、地面注汽管线和注汽井等部分组成。在注汽系统生产运行中,无论是产汽环节、输送环节,还是注汽吞吐环节,都存在不同程度的能量损失。注汽管线是稠油热采工艺中注汽系统的主要部件,饱和蒸汽在注汽管线中流动时,随时与周围环境、其他管线或管托等之间进行热量的交换,热量交换的大小直接影响蒸汽干度。干度损失过大,会使稠油注汽热采井口的蒸汽干度损失过多。

注汽管线的热损失主要与注汽管线管材的导热系数、保温材料的导热系数、保温层厚度、管线所处环境的风速及气温、施工质量等因素有关。

4.1.1.2　注汽管线热损失计算模型

地面注汽管线的传热过程为蒸汽的热量与管线内壁进行对流换热,然后经过管线、保温层等导热,最后传热至空气或土壤。热力计算主要是计算管线的热损失和沿程温降。

根据传热学原理,通过单位长度的多层圆筒壁的传热量为:

$$q = \frac{T_{f1} - T_{f2}}{\sum\limits_{i=1}^{n} R_i} \tag{4-1-1}$$

式中　q——单位时间内单位长度管线中的热损失,W/m;

　　　R_i——单位长度管线内各层热阻,(m·℃)/W;

　　　T_{f1}——注汽管线内部蒸汽平均温度,℃;

　　　T_{f2}——注汽管线外部周围环境温度,℃。

在上述的保温稠油注汽管线热损失方程式中,可以假设稠油注汽管线内、外表面的温度可知,即注汽管线内、外表面满足传热学第一类边界条件。注汽管线在实际敷设过程中有不同的方式(直埋、架空和管沟)。直埋时可以看作外表面为传热学第一类边界条件,内表面为传热学第三类边界条件。架空和管沟方式敷设时可以近似看作内、外表面均为第三类边界条件,即知道与内、外表面接触的流体温度和与周围流体间的表面传热系数,内、外表面为对流换热方式。

以架空方式敷设为例研究其导热过程,将架空敷设方式的注汽管线看作单层圆筒壁导热形式。由内、外表面给出第三类边界条件,即已知内、外表面的流体温度为 t_{f1},t_{f2},内表面对流传热系数为 α_1,外表面对流传热系数为 α_2,则有:

$$-\lambda \frac{dt}{dr}\Big|_{r=r_1} = \alpha_1 2\pi r_1 (t_{f1} - t\big|_{t=t_1}) \tag{4-1-2}$$

$$-\lambda \frac{dt}{dr}\Big|_{r=r_2} = \alpha_2 2\pi r_2 (t_{f2} - t\big|_{t=t_2}) \tag{4-1-3}$$

对于常物性、稳态的圆筒壁导热问题,求解得到壁内温度变化率 $\dfrac{dt}{dr}$ 为:

$$\frac{dt}{dr} = \frac{t_{w1} - t_{w2}}{\ln \dfrac{r_2}{r_1}} \frac{1}{r} \tag{4-1-4}$$

式中　λ——导热系数,W/(m·K);

　　　t——温度,℃;

　　　r,r_2——内、外表面半径,m;

　　　t_{w1},t_{w2}——内、外表面温度,℃。

结合上面的公式并采用傅里叶定律有单位长度热流量 $q_1 = -\lambda \dfrac{dt}{dr} 2\pi r$,改写式(4-1-2)、式(4-1-3)和式(4-1-4),并按传热过程的顺序 $q_1\big|_{r=r_1}$,q_1,$q_1\big|_{r=r_2}$ 可得:

$$\begin{cases} q_1\big|_{r=r_1} = \alpha_1 2\pi r_1 (t_{f1} - t_{w1}) \\ q = \dfrac{t_{w1} - t_{w2}}{\dfrac{1}{2\pi\lambda}\ln\dfrac{r_2}{r_1}} \\ q_1\big|_{r=r_2} = \alpha_2 2\pi r_2 (t_{f2} - t_{w2}) \end{cases} \tag{4-1-5}$$

在稳态传热过程中，$q_1\big|_{r=r_1} = q_1\big|_{r=r_2} = q_1$。求解式(4-1-5)，消去其中的 t_{w1} 和 t_{w2}，可得单位长度热流量 q_1 为：

$$q_1 = \frac{t_{f1} - t_{f2}}{\dfrac{1}{\alpha_1 \pi d_1} + \dfrac{1}{2\pi\lambda}\ln\dfrac{d_1}{d_2} + \dfrac{1}{\alpha_2 \pi d_2}} \tag{4-1-6}$$

对于架空或管沟注汽管线，蒸汽经多层保温材料传热过程的单位长度热流量 q_1 为：

$$q_1 = \frac{t_{f1} - t_{f2}}{\dfrac{1}{\alpha_1 \pi d_1} + \displaystyle\sum_{i=1}^{n} \dfrac{1}{2\pi\lambda_i}\ln\dfrac{d_{i+1}}{d_i} + \dfrac{1}{\alpha_2 \pi d_{n+1}}} \tag{4-1-7}$$

对于直埋注汽管线，单位长度热流量 q_1 为：

$$q_1 = \frac{t_{f1} - t_{f2}}{\dfrac{1}{\alpha_1 \pi d_1} + \displaystyle\sum_{i=1}^{n} \dfrac{1}{2\pi\lambda_i}\ln\dfrac{d_{i+1}}{d_i} + \dfrac{1}{\alpha_2 \pi d_{n+1}}} \tag{4-1-8}$$

4.1.1.3　总传热系数及各单体传热系数的确定

注汽管线的总传热系数主要与以下因素有关：蒸汽与注汽管线内壁的对流换热系数、保温材料的导热系数、管线的导热系数以及土壤的导热系数（直埋）或空气与管道外壁的复合换热系数（架空或管沟）。因此，总的传热系数 k 为：

$$k = \frac{1}{\dfrac{1}{\alpha_1 \pi d_1} + \displaystyle\sum_{i=1}^{n} \dfrac{1}{2\pi\lambda_i}\ln\dfrac{d_{i+1}}{d_i} + \dfrac{1}{\alpha_2 \pi d_{n+1}}} \tag{4-1-9}$$

1）蒸汽与注汽管线内壁的对流换热系数的确定

影响对流换热现象的因素很多，α_1 的确定取决于蒸汽管线内流体的流动状态。雷诺数是判别流体流动状态的依据，雷诺数以 Re 表示，其表达式为：

$$Re = \frac{\rho v d}{\mu} = \frac{v d}{\nu} = \frac{4Q}{\pi d \nu} \tag{4-1-10}$$

式中　ρ——流体的密度，kg/m^3；

　　　v——流体的速度，m/s；

　　　d——注汽管线内径，m；

　　　μ——流体的动力黏度，$Pa\cdot s$；

　　　ν——流体运动黏度，m^2/s；

　　　Q——蒸汽的流量，m^3/s。

大量实验证明，无论流体的性质和管径如何变化，下临界雷诺数 $Re_{cd} = 2\,320$，上临界雷诺数 $Re'_{cd} = 13\,800$。在工程实际应用中，为使计算结果更为安全，将临界雷诺数取为

2 000。因此,当 $Re<2\,000$ 时,认为流动状态为层流;当 $Re>2\,000$ 时,认为流动状态为紊流。蒸汽在管线内一般为紊流流动,蒸汽与注汽管线内壁对流换热的实验关联式为:

$$Nu_f = 0.023Re_f^{0.8}Pr_f^{0.43}\left(\frac{Pr_f}{Pr_w}\right)^{0.25} \tag{4-1-11}$$

式中　Pr_f——以 t_f 为定性温度的普朗特数;

　　　Pr_w——以 t_w 为定性温度的普朗特数。

为简便计算,可以近似为流体温度等于壁面温度,即 $t_f=t_w$,故式(4-1-11)可改写为:

$$Nu_f = 0.023Re_f^{0.8}Pr_f^{0.43} \tag{4-1-12}$$

根据努塞尔准则的定义,蒸汽与注汽管线内壁的对流换热系数 α_1 为:

$$\alpha_1 = \frac{Nu_f\lambda_f}{d} \tag{4-1-13}$$

$$Pr_f = \frac{\mu_f c_p}{\lambda_f}$$

式中　Pr_f——以 t_f 为定性温度的普朗特数;

　　　μ_f——流体的动力黏度,Pa·s;

　　　λ_f——蒸汽的导热系数,W/(m·K);

　　　c_p——蒸汽的比定压热容,kJ/(kg·K)。

2) 保温材料导热系数的确定

由于温度高及运行中的频繁振动,稠油热采注汽管道的保温材料及结构不尽合理,造成使用寿命短,整个保温结构出现开裂及下垂脱落现象,局部散热损失严重超标,节能效益差,直接影响蒸汽干度及采收率。因此,研究使用不同导热系数的保温材料对管线保温具有重要的意义。表 4-1-1 为常用保温材料的导热系数。

表 4-1-1　常用保温材料的导热系数

保温材料	导热系数/(W·m^{-1}·K^{-1})
岩　棉	0.047~0.058
泡沫石棉	0.044~0.005 2
石棉绳	0.16
超细棉无脂毡和缝合垫	0.035
超细棉无脂制品	0.04
无碱超细棉无脂毡和缝合垫	0.035
沥青矿渣棉	0.047~0.052
酚醛矿渣棉	0.047~0.052
水泥珍珠岩制品	0.07~0.084
水玻璃珍珠岩制品	0.052~0.076
沥青珍珠岩制品	0.081~0.105
超轻质珍珠岩制品	0.053~0.07

保温材料	导热系数/(W·m⁻¹·K⁻¹)
普通微孔硅酸钙	$0.059\sim0.062$
超轻质微孔硅酸钙	0.055
聚氨酯硬泡	≤0.035
脲酸酯硬泡	≤0.035

3）管线与土壤换热系数的确定

土壤的导热系数、管径、埋深等因素对管线与土壤的换热系数有影响。其换热系数 α_2 为：

$$\alpha_2 = \frac{2\lambda_e}{d_{i+1}\ln\left[\dfrac{2h_t}{d_{i+1}} + \sqrt{\left(\dfrac{2h_t}{d_{i+1}}\right)^2 - 1}\right]} \tag{4-1-14}$$

式中　λ_e——土壤的导热系数，$W/(m \cdot K)$；

d_{i+1}——注汽管线的外径，m；

h_t——注汽管线的深埋距离，m。

土壤的导热系数 λ_e 取决于当地土壤固体物质的导热系数。在计算注汽管线时，土壤导热系数 λ_e 必须针对当地的具体地质情况而确定。如果缺少当地地质特征资料，可按表 4-1-2 土壤导热系数的某些平均值选取。

表 4-1-2　土壤导热系数

土　壤	湿度/%	土壤导热系数/(W·m⁻¹·K⁻¹)	
		未结冰状态	结冰状态
粗砂粒(1～2 mm)			
密实的	10	$1.36\sim1.75$	$1.34\sim1.97$
密实的	18	2.77	3.12
松散的	10	1.29	1.41
松散的	18	1.96	2.67
细砂粒和中砂粒(0.25～1 mm)			
密实的	10	2.45	2.6
密实的	18	3.61	3.82
松散的	10	1.75	2.01
松散的	18	3.35	3.51
不同粒度的干砂粒	1	$0.27\sim0.48$	$0.26\sim0.37$
亚砂土、亚黏土、粉状土、熔化土	15～26	$1.38\sim1.63$	$1.75\sim2.33$
黏　土	5～10	$0.94\sim1.38$	$1.38\sim1.75$

4）注汽管线与空气的复合换热系数的确定

注汽管线以架空或管沟方式敷设时,注汽管线外壁与空气间的热交换形式包括对流换热形式(室外风速空气掠过通常为强制对流,换热系数 α_{2c})和太阳辐射换热形式(辐射换热系数 α_{2s})。注汽管线与空气的复合换热系数 α_2 为:

$$\alpha_2 = \alpha_{2c} + \alpha_{2s} \tag{4-1-15}$$

符合大空间强制对流换热的管道,其 α_{2c} 可用下式表示:

$$\alpha_{2c} = 11.63 + 7\sqrt{W} \tag{4-1-16}$$

式中　W——室外风速,m/s。

管外壁至大气的辐射换热系数 α_{2s} 为:

$$\alpha_{2s} = \frac{5.67\varepsilon}{t_w - t_a}\left[\left(\frac{t_w + 273}{100}\right)^4 - \left(\frac{t_a + 273}{100}\right)^4\right] \tag{4-1-17}$$

式中　ε——管壁发射率;

t_a——空气平均温度,℃;

t_w——保温层外壁温度,℃。

传热公式 $Q = ql$,其中 q 为单位时间、单位长度管线的散热量(W/m),l 为水平管道的长度(m)。因此,管线单位时间的散热量 Q 为:

$$Q = \frac{(t_{f1} - t_{f2})l}{\dfrac{1}{\alpha_1 \pi d_1} + \sum_{i=1}^{n}\dfrac{1}{2\pi\lambda_i}\ln\dfrac{d_{i+1}}{d_i} + \dfrac{1}{\alpha_2 \pi d_{n+1}}} \tag{4-1-18}$$

通过以上分析可以得到注汽管线完整的管线热损失传热数学模型。

4.1.1.4　注汽管线沿程温降计算模型

在注汽管线的热力计算中,温度是一个很重要的参数。稠油开采注汽井为了满足生产需要,对蒸汽的干度有一定的要求,而温度又是制约干度的主要因素。因此,在管线的热力计算过程中计算各个井口的温度是极其重要的一步。各个井口的蒸汽温度主要取决于注汽管线的沿程温降,而沿程温降主要与沿程管线的散热、流量、管长以及比定压热容有关。根据热力学相关原理,对管段可建立如下热平衡方程组:

$$\begin{cases} Q_s = Q_y(1 + \eta) = c_p(t_m - t_n)G \\ Q_y = \dfrac{qL}{1\,000} \end{cases} \tag{4-1-19}$$

由方程(4-1-19)可得:

$$\Delta t = t_m - t_n = \frac{qL(1 + \eta)}{1\,000 \times c_p G} \tag{4-1-20}$$

式中　Q_s——单位时间蒸汽管线的热量损失,kW;

Q_y——单位时间蒸汽管线的沿程散热损失,kW;

η——蒸汽管线局部散热损失修正系数;

c_p——蒸汽管线内蒸汽的平均比定压热容,kJ/(kg·K);

t_m——蒸汽管线起点温度，K；

t_n——蒸汽管线终点温度，K；

q——蒸汽管线单位长度热损失，W/m；

L——蒸汽管线的长度，m；

G——计算管段的质量流量，kg/s。

4.1.2 地面注汽管线温度场计算

蒸汽在地面注汽管线中流动，由于不断向周围散热，温度降低，受环境条件、锅炉出口参数、管线散热条件以及蒸汽量等因素的影响，注气管线处于热力不稳定的状态。将正常运行的工况看作水力、热力稳定工况并进行轴向的计算，下面以架空管线为例进行说明。

假设管线周围的环境温度为 T_a，管线输汽质量流量为 G，$\mathrm{d}l$ 微元段上的蒸汽温度为 T，水力坡降为 i，流经 $\mathrm{d}l$ 段后散热产生的蒸汽温降为 $\mathrm{d}T$。在稳定工况下，$\mathrm{d}l$ 微元段上的能量平衡方程式为：

$$K\pi D_1(T - T_a)\mathrm{d}l = -Gc_p\mathrm{d}T + gGi\mathrm{d}l \tag{4-1-21}$$

式中 G——蒸汽的质量流量，kg/s；

c_p——蒸汽的比定压热容，J/(kg·℃)；

D_1——保温层外直径，m；

$\mathrm{d}l$——单位输汽管线长度，m；

K——管线总传热系数，W/(m²·℃)；

T_a——环境空气温度，选取当地平均气温，℃；

i——水力坡降；

g——重力加速度，m/s²。

式(4-1-21)中，等式左端为 $\mathrm{d}l$ 段单位时间内向周围环境的散热量；等式右端第一项为管内蒸汽温降为 $\mathrm{d}T$ 时的放热量，第二项为 $\mathrm{d}l$ 段上蒸汽流动摩擦损失转化的热量，可以忽略。因 $\mathrm{d}l$ 与 $\mathrm{d}T$ 的方向相反，故引入负号。

设 $\mathrm{d}l$ 段内的总传热系数 K 为常数，忽略水力坡降 i 的变化，对式(4-1-21)变形可得单位长度上的温降为：

$$\frac{\mathrm{d}T}{\mathrm{d}l} = -\frac{K\pi D_1(T - T_a)}{Gc_p} \tag{4-1-22}$$

当注汽管线架空敷设时，注汽管线散热过程由三部分组成，即蒸汽到管壁的放热，钢管外壁与保温层的热传导，保温层外表面至周围空气的对流传热。由于钢管壁的导热热阻很小，可忽略不计，这样以钢管外表面积为准的传热系数 K 可表示为：

$$K = \frac{1}{\frac{D_1}{\alpha_1 D_i} + \frac{D_1}{2\lambda}\ln\frac{D_1}{D_0} + \frac{1}{\alpha_s}} \tag{4-1-23}$$

式中 D_1——管线保温层外壁的直径，m；

D_0——钢管外径，m；

D_i——钢管内径，m；

λ——保温层的导热系数，W/(m·℃)；

α_s——保温层外表面向周围空气的对流换热系数，W/(m²·℃)；

α_1——蒸汽与管壁内侧的对流换热系数，W/(m²·℃)。

当注汽管线架空敷设时，由于保温层与外部环境中的空气进行对流换热，使得表层温度下降，从而增大散热损失。一般可采用下面的经验公式计算：

$$\alpha_s = 1.163(10 + 6\sqrt{W}) \tag{4-1-24}$$

式中　W——年平均风速，m/s。

根据管槽内湍流强制对流换热的关联式，在流体冷却时 $n=3$，普朗特数及雷诺数都在范围之内，Re_f 为 $10^4 \sim 1.2 \times 10^5$，$Pr_f$ 为 $0.7 \sim 120$，管长与管径比也在范围之内（$l/d \geqslant 60$）。

$$Nu = \frac{\alpha_1 D_i}{\lambda} = 0.023 Re_f^{0.8} Pr_f^n \tag{4-1-25}$$

即

$$\alpha_1 = \frac{0.023 \lambda Re_f^{0.8} Pr_f^n}{D_i} \tag{4-1-26}$$

4.1.3　地面注汽管线压力场计算

蒸汽在地面注汽管线中流动时，由能量方程可得：

$$\frac{1}{\rho}dp + d\left(\frac{v^2}{2}\right) - gdz\sin\theta + dW_s + dl_w = 0 \tag{4-1-27}$$

式中　p——管线中蒸汽的压力，Pa；

z——管线沿程地形高差，m；

ρ——过热蒸汽的密度，kg/m³；

v——过热蒸汽的流速，m/s；

θ——井筒倾角，(°)；

g——重力加速度，m/s²；

dl_w——沿程摩擦阻力损失，m；

dW_s——所做的轴功，这里 $dW_s=0$。

整理可得：

$$\frac{dp}{dz} = \rho g\sin\theta - \rho\frac{dl_w}{dz} - \rho v\frac{dv}{dz} \tag{4-1-28}$$

式中　$\rho g\sin\theta$——单位长度重力压降，定义为 $\left(\frac{dp}{dz}\right)_g$，Pa/m；

$-\rho\frac{dl_w}{dz}$——单位长度摩阻压降，定义为 $\left(\frac{dp}{dz}\right)_f = -f\frac{\rho v^2}{2d}$（其中 f 为过热蒸汽单相流摩阻系数，d 为管线内径），Pa/m；

$-\rho v\frac{dv}{dz}$——单位长度加速压降，定义为 $\left(\frac{dp}{dz}\right)_a$，可以忽略，Pa/m。

$$\frac{\mathrm{d}p}{\mathrm{d}z} = \left(\frac{\mathrm{d}p}{\mathrm{d}z}\right)_\mathrm{g} + \left(\frac{\mathrm{d}p}{\mathrm{d}z}\right)_\mathrm{f} + \left(\frac{\mathrm{d}p}{\mathrm{d}z}\right)_\mathrm{a} \qquad (4\text{-}1\text{-}29)$$

因此，压力降是重力压降、摩阻压降和加速压降之和。过热蒸汽在地面管线中流动可忽略重力压降和加速压降，因此过热蒸汽在地面注汽管线中的压降为：

$$\frac{\mathrm{d}p}{\mathrm{d}z} = f\frac{\rho v^2}{2d} \qquad (4\text{-}1\text{-}30)$$

流动摩阻系数 f 可根据相对粗糙度 ε 和雷诺数 Re 由经验公式求得。

$$\varepsilon = \frac{2e}{d} \qquad (4\text{-}1\text{-}31)$$

式中　d——管线内径，m；

　　　e——管壁的绝对当量粗糙度，m。

表 4-1-3 列出了欧美较通用的 Moody 及俄罗斯给出的几种主要管材的绝对当量粗糙度。

表 4-1-3　各种管路的绝对当量粗糙度

管路种类		绝对当量粗糙度 e/mm	备　注
无缝钢管	玻璃管、铅管等	0.001 5	Moody 的数据
	钢管、熟铁管	0.045 7	
	镀锌铁管	0.15	
	铸铁管	0.26	
	水泥管	0.30~3.0	
焊接钢管	新的、清洁的	0.014	俄罗斯数据
	使用几年以后的	0.20	
	新的、清洁的	0.05	
	清扫过的、轻度腐蚀的	0.15	
	中等程度锈蚀的	0.50	
	旧的锈蚀管	1.0	
	严重锈蚀或大量沉积	3.0	

流体在管路中的流动状态可按雷诺数进行划分。流态区不同，流动摩阻系数与雷诺数及管壁粗糙度的关系不同。我国目前常用的公式见表 4-1-4。

表 4-1-4　不同流态的 f 值

流　态	划分范围	$f = f(Re, \varepsilon)$
层　流	$Re < 2\,000$	$f = \dfrac{64}{Re}$

流　态		划分范围	$f=f(Re,\varepsilon)$
紊　流	水力光滑区	$3\,000<Re<Re_1$ $Re_1=\dfrac{59.5}{\varepsilon^{8/7}}$	$\dfrac{1}{\sqrt{f}}=2\lg\dfrac{Re\sqrt{f}}{2.51}$ 当 $Re<10^5$, $f=\dfrac{0.316\,4}{Re^{0.25}}$
	混合摩擦区	$Re_1<Re<Re_2$ $Re_1=\dfrac{59.5}{\varepsilon^{8/7}}$, $Re_2=\dfrac{665-765\lg\varepsilon}{\varepsilon}$	$\dfrac{1}{\sqrt{f}}=-1.81\lg\left[\dfrac{6.8}{Re}+\left(\dfrac{\varepsilon}{7.4}\right)^{1.11}\right]$
	粗糙区	$Re>Re_2$ $Re_2=\dfrac{665-765\lg\varepsilon}{\varepsilon}$	$f=\dfrac{1}{(1.74-2\lg\varepsilon)^2}$

4.2　过热蒸汽井筒工艺计算

水平井井筒主要是由隔热油管、套管、水泥环、封隔器、接箍、伸缩管和配注器等部分组成,从上至下可以分为竖直井段和水平井段两部分。在不计管柱泄漏影响的情况下,注蒸汽过程中,蒸汽在竖直井段内的质量流量不随井深而变化;在水平井段内会经过注汽筛管进入地层,管内蒸汽不断减少,呈现变质量流。

4.2.1　竖直井筒传热分析

高温高压过热蒸汽从井口注入,经隔热油管注到井底,在流动过程中伴随从井筒向地层的径向热传递。典型注汽井井筒竖直部分结构如图 4-2-1 所示。由内向外依次为隔热油管(tubing,部分油井会采用双油管)、套管(casing)、水泥环(cement)、地层(earth/formation),蒸汽在油管内流动。由于介质不同,井筒内存在不同的传热方式,沿径向存在过热蒸汽与隔热油管内壁面强制对流换热以及凝结换热,油管保温材料的导热或真空中辐射换热,油套环空内的对流换热和辐射换热、套管导热、水泥环导热、地层间导热等传热环节,这些环节共同影响井筒中的热传递,决定蒸汽流动过程中热损失的大小。

受所注蒸汽的加热作用,水泥环外侧的温度 T_{wb} 会逐渐升高,但由于水泥环外侧地层的热容量和体积较内侧大得多,并且水泥环外侧温度 T_{wb} 与远处地层温度(初始地层温度) T_{ei} 比油管内蒸汽温度 T_f 小很多,所以一般假设井筒内侧传热是稳态的,而地层内的传热为非稳态。井筒内稳态传热的假设并不是说井筒内各处温度不随时间变化,而是把地层非稳态导热计算的随时间变化温度 T_h 反馈到井筒内稳态传热公式的温差 T_f-T_h 中去,间接地反映井筒内传热的非稳态性质,因而也称井筒内的传热为"拟稳态"。在分析井筒传热过程时,由于井筒关于井筒轴线对称,进而井筒传热可以简化成二维传热问题。当把井筒沿轴线方向划分成许多小部时,井筒轴向的温差相对于径向很小,可以忽略,因此井筒传热模型可以进一步简化成沿径向的一维传热问题。

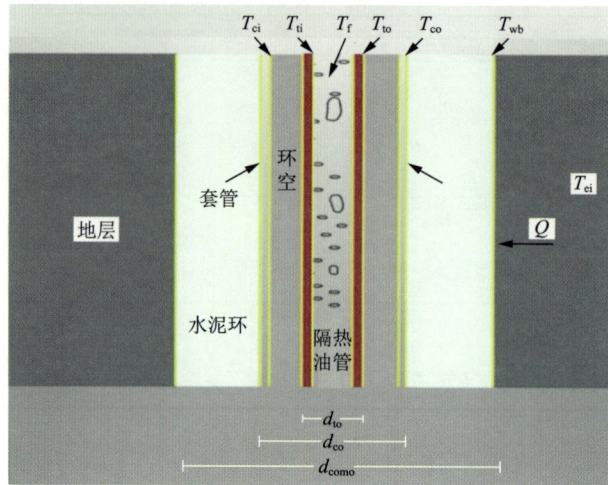

图 4-2-1　注汽井井筒竖直井部分结构

4.2.1.1　油管到水泥环外缘传热

沿井深方向取一微元段井筒 dz 进行传热分析。由稳态传热公式可得，dz 段井筒在单位时间内从隔热油管中心到水泥环外缘的传热量 dQ 为：

$$dQ = K(T_f - T_{wb})dz \tag{4-2-1}$$

$$K = \frac{1}{2\pi r_1 R}$$

式中　　K——总传热系数，$W/(m^2 \cdot K)$；

　　　　T_f——管内蒸汽温度，K；

　　　　T_{wb}——水泥环外缘温度，K；

　　　　R——单位长度总传热热阻，$(m \cdot K)/W$；

　　　　r_1——隔热油管内半径，m。

总传热热阻 R 由以下 5 部分组成：

1）过热蒸汽与隔热油管内壁对流换热热阻 R_1

$$R_1 = \frac{1}{2\pi h_f r_1} \tag{4-2-2}$$

式中　　h_f——过热蒸汽与隔热油管内壁间的对流换热系数，$W/(m^2 \cdot K)$。

2）隔热油管传热热阻 R_2

$$R_2 = \frac{1}{2\pi \lambda_{tub}} \ln \frac{r_2}{r_1} \tag{4-2-3}$$

式中　　λ_{tub}——隔热油管视导热系数，$W/(m \cdot K)$；

　　　　r_2——隔热油管外半径，m。

3）隔热油管环空传热热阻 R_3

油套环空传热方式包括辐射换热和自然对流传热两种，其综合传热热阻为：

$$R_3 = \frac{1}{2\pi r_3 (h_r + h_c)} \ln \frac{r_3}{r_2} \tag{4-2-4}$$

式中　h_r——油套环空内辐射换热系数，$W/(m^2 \cdot K)$；

　　　h_c——油套环空内对流换热系数，$W/(m^2 \cdot K)$；

　　　r_3——套管内半径，m。

油套环空传热受隔热油管外表面性质、环空介质物理性质、隔热油管外壁面温度、套管内壁面温度、隔热油管外壁与套管内壁之间的距离、套管内壁表面性质等因素影响，油套环空传热系数$(h_r + h_c)$计算如下。

（1）油套环空辐射换热系数。

由斯特藩-玻尔兹曼定律得：

$$\Phi_r = 2\pi r_2 \sigma F (T_{to}^4 - T_{ci}^4) dz \tag{4-2-5}$$

式中　Φ_r——隔热油管外壁与套管内壁间的辐射换热量，W；

　　　σ——斯特藩-玻尔兹曼常数，5.673×10^{-8} $W/(m^2 \cdot K^4)$；

　　　T_{to}——隔热油管外壁温度，K；

　　　T_{ci}——套管内壁温度，K；

　　　F——隔热油管外壁与套管内壁之间有效辐射换热系数。

对油套环空有：

$$\frac{1}{F} = \frac{1}{\overline{F}} + \left(\frac{1}{\varepsilon_2} - 1\right) + \frac{r_2}{r_3}\left(\frac{1}{\varepsilon_3} - 1\right) \tag{4-2-6}$$

式中　$\varepsilon_2, \varepsilon_3$——隔热油管外壁、套管内壁的发射率；

　　　$\overline{F}$——隔热油管外壁对套管内壁的角系数。

对油套环空$\overline{F} = 1$，因此式（4-2-6）可化简为：

$$\frac{1}{F} = \frac{1}{\varepsilon_2} + \frac{r_2}{r_3}\left(\frac{1}{\varepsilon_3} - 1\right) \tag{4-2-7}$$

由式（4-2-5）和式（4-2-7）可得油套环空辐射换热系数 h_r 为：

$$h_r = \left[\frac{1}{\varepsilon_2} + \frac{r_2}{r_3}\left(\frac{1}{\varepsilon_3} - 1\right)\right](T_{to}^2 + T_{ci}^2)(T_{to} - T_{ci}) \tag{4-2-8}$$

（2）油套环空自然对流换热系数。

在圆柱坐标系中，由油套环空介质热传导和自然对流造成的热流量为：

$$\Phi_c = \frac{2\pi \lambda_{hc} (T_{to} - T_{ci})}{\ln(r_3/r_2)} dz \tag{4-2-9}$$

式中　Φ_c——油套环空的径向热流量，W；

　　　λ_{hc}——油套环空的等效导热系数，$W/(m \cdot K)$。

由牛顿冷却公式，油套环空的径向热流量可以表示为：

$$\Phi_c = 2\pi r_2 h_c (T_{to} - T_{ci}) dz \tag{4-2-10}$$

对比式（4-2-9）和（4-2-10）得：

$$h_c = \frac{\lambda_{hc}}{r_2 \ln(r_3/r_2)} \tag{4-2-11}$$

λ_{hc} 的表达式为：

$$\lambda_{hc} = \begin{cases} \lambda_a & (Re < 6\,000) \\ 0.13\lambda_a(GrPr)^{0.25} & (6\,000 < Re < 2 \times 10^5) \\ 0.048\lambda_a(GrPr)^{0.333} & (2 \times 10^5 < Re < 1.1 \times 10^7) \end{cases} \tag{4-2-12}$$

格拉晓夫数 Gr 为：

$$Gr = \frac{g\beta_a\rho_a^2(r_3 - r_2)^3(T_o - T_{ci})}{\mu_a^2} \tag{4-2-13}$$

普朗特数 Pr 为：

$$Pr = \frac{c_{ap}\mu_a}{\lambda_a} \tag{4-2-14}$$

式中　λ_a——环空介质的导热系数，$W/(m \cdot K)$；

　　　β_a——环空介质的体积膨胀系数，K^{-1}；

　　　ρ_a——环空介质密度，kg/m^3；

　　　c_{ap}——环空介质的比定压热容，$J/(kg \cdot K)$；

　　　μ_a——动力黏度，$Pa \cdot s$。

在计算装有两层油管的井筒时，按照内层油管的热阻计算方法重新计算外层油管的油管导热热阻、环空的自然对流和辐射换热热阻即可。

4）套管导热热阻 R_4

$$R_4 = \frac{1}{2\pi\lambda_{cas}}\ln\frac{r_4}{r_3} \tag{4-2-15}$$

式中　λ_{cas}——套管导热系数，$W/(m \cdot K)$；

　　　r_4——套管外半径，m。

5）水泥环导热热阻 R_5

$$R_5 = \frac{1}{2\pi\lambda_{cem}}\ln\frac{r_5}{r_4} \tag{4-2-16}$$

式中　λ_{cem}——水泥环导热系数，$W/(m \cdot K)$；

　　　r_5——水泥环外缘半径，m。

以隔热油管外表面为基准面，油管中心到水泥环外缘的总热阻 R 为：

$$R = \frac{1}{2\pi r_2}\left[\frac{r_2}{h_f r_1} + \frac{r_2}{\lambda_{tub}}\ln\frac{r_2}{r_1} + \frac{r_2}{r_3(h_c + h_r)}\ln\frac{r_3}{r_2} + \frac{r_2}{\lambda_{cas}}\ln\frac{r_4}{r_3} + \frac{r_2}{\lambda_{cem}}\ln\frac{r_5}{r_4}\right] \tag{4-2-17}$$

总传热系数 K 为：

$$K = \left[\frac{1}{h_f r_1} + \frac{1}{\lambda_{tub}}\ln\frac{r_2}{r_1} + \frac{1}{r_3(h_c + h_r)}\ln\frac{r_3}{r_2} + \frac{1}{\lambda_{cas}}\ln\frac{r_4}{r_3} + \frac{1}{\lambda_{cem}}\ln\frac{r_5}{r_4}\right]^{-1} \tag{4-2-18}$$

4.2.1.2　水泥环外缘到地层传热

根据前文井筒中的传热分析，将水泥环外缘到地层视作一维非稳态传热，其单位时间传热量 dQ 为：

$$dQ = \frac{2\pi\lambda_e(T_{wb} - T_e)}{f(t)}dz \qquad (4-2-19)$$

式中　λ_e——地层导热系数，$W/(m \cdot K)$；

　　　T_e——初始地层温度，K；

　　　$f(t)$——地层导热的时间函数。

　　$f(t)$可用 Hasan 公式计算：

$$f(t) = \begin{cases} 1.128\ 1\sqrt{at/r_5^2}(1 - 0.3\sqrt{at/r_5^2}) & at/r_5^2 \leqslant 1.5 \\ [0.406\ 3 + 0.5\ln(at/r_5^2)]\left(1 + \frac{0.6}{at/r_5^2}\right) & at/r_5^2 > 1.5 \end{cases} \qquad (4-2-20)$$

$$a = \lambda_e/(rcp)_e$$
$$T_a = T_e - a_d z$$

式中　t——注汽时间，d；

　　　a——地层平均热扩散系数，m^2/s；

　　　r——地层密度，kg/m^3；

　　　c——地层比热容，$kJ/(kg \cdot K)$；

　　　p——地层压力，Pa；

　　　T_a——地表温度，K；

　　　a_d——地温梯度，K/m；

　　　z——油井深度，m。

4.2.1.3　竖直井筒蒸汽两相流数学模型

　　注入的过热蒸汽在沿井筒流动过程中，由于热量损失，会向湿蒸汽转化，与其性质变化相关的控制方程服从两相流体一元流动控制方程，可使用两相流计算模型进行研究。通过求解控制方程组，可以得到湿蒸汽干度、温度等参数随井深变化的值，同时可以由温度、干度值确定微元段蒸汽的密度、黏度等参数值。

　　1）连续性方程

　　蒸汽在隔热油管内稳定流动时，由质量守恒方程得：

$$\rho_m w_m A = M_0 = C(常量) \qquad (4-2-21)$$

式中　ρ_m——蒸汽密度，kg/m^3；

　　　w_m——蒸汽流速，m/s；

　　　A——隔热油管内蒸汽流通截面积，m^2；

　　　M_0——蒸汽质量流量，kg/s。

　　忽略湿蒸汽中液相的可压缩性得：

$$\frac{dw_m}{dz} = -\frac{w_{sg}}{p}\frac{dp}{dz} \qquad (4-2-22)$$

式中　w_{sg}——湿蒸汽中气相表观流速，m/s；

　　　p——蒸汽压力，Pa；

　　　dz——油井深度的微元段。

2）动量守恒方程

取蒸汽流动方向为正方向，由动量守恒方程得：

$$-\frac{\mathrm{d}p}{\mathrm{d}z} = \rho_{\mathrm{m}}g\sin\theta + f_{\mathrm{m}}\frac{\rho_{\mathrm{m}}w_{\mathrm{m}}^2}{4r_1} + \rho_{\mathrm{m}}w_{\mathrm{m}}\frac{\mathrm{d}w_{\mathrm{m}}}{\mathrm{d}z} \qquad (4\text{-}2\text{-}23)$$

式中　g——重力加速度，$\mathrm{m/s^2}$；

　　　f_{m}——两相流摩阻系数。

3）能量守恒方程

由于单位时间内流体对外界做的机械功为零，由热力学第一定律得单位时间内传给控制体的热能 Q 等于控制体的内能增加率。在稳定流动时，能量守恒方程如下：

$$\frac{\mathrm{d}Q}{\mathrm{d}z} = -\rho_{\mathrm{m}}A\frac{\mathrm{d}h_{\mathrm{m}}}{\mathrm{d}z} - \rho_{\mathrm{m}}A\frac{\mathrm{d}}{\mathrm{d}z}\left(\frac{w_{\mathrm{m}}^2}{2}\right) + \rho_{\mathrm{m}}Ag\sin\theta \qquad (4\text{-}2\text{-}24)$$

$$h_{\mathrm{m}} = (1-x)h' + xh''$$

式中　A——控制体截面面积，$\mathrm{m^2}$；

　　　h_{m}——湿蒸汽比焓，$\mathrm{J/kg}$；

　　　h'——饱和水的比焓，$\mathrm{J/kg}$；

　　　h''——干饱和蒸汽的比焓，$\mathrm{J/kg}$；

　　　x——湿蒸汽干度。

对 h_{m} 微分有：

$$\frac{\mathrm{d}h_{\mathrm{m}}}{\mathrm{d}z} = (1-x)\frac{\mathrm{d}h'}{\mathrm{d}z} + x\frac{\mathrm{d}h''}{\mathrm{d}z} + h'\frac{\mathrm{d}(1-x)}{\mathrm{d}z} + h''\frac{\mathrm{d}x}{\mathrm{d}z} \qquad (4\text{-}2\text{-}25)$$

由于饱和水、干饱和蒸汽的比焓是温度的函数，即 $h' = f(T)$，$h'' = f(T)$，则有：

$$\frac{\mathrm{d}h'}{\mathrm{d}z} = \frac{\mathrm{d}h'}{\mathrm{d}T}\frac{\mathrm{d}T}{\mathrm{d}p}\frac{\mathrm{d}p}{\mathrm{d}z} \qquad (4\text{-}2\text{-}26)$$

$$\frac{\mathrm{d}h''}{\mathrm{d}z} = \frac{\mathrm{d}h''}{\mathrm{d}T}\frac{\mathrm{d}T}{\mathrm{d}p}\frac{\mathrm{d}p}{\mathrm{d}z} \qquad (4\text{-}2\text{-}27)$$

式（4-2-25）可表示为：

$$\frac{\mathrm{d}h_{\mathrm{m}}}{\mathrm{d}z} = (h''-h')\frac{\mathrm{d}x}{\mathrm{d}z} + \left[(1-x)\frac{\mathrm{d}h'}{\mathrm{d}T} + x\frac{\mathrm{d}h''}{\mathrm{d}T}\right]\frac{\mathrm{d}T}{\mathrm{d}p}\frac{\mathrm{d}p}{\mathrm{d}z} \qquad (4\text{-}2\text{-}28)$$

将式（4-2-28）代入式（4-2-24）中，能量守恒方程可表示为：

$$\frac{\mathrm{d}Q}{\mathrm{d}z} + \rho_{\mathrm{m}}A\left[(h''-h')\frac{\mathrm{d}x}{\mathrm{d}z} + \frac{\mathrm{d}h'}{\mathrm{d}T}\frac{\mathrm{d}T}{\mathrm{d}p}\frac{\mathrm{d}p}{\mathrm{d}z} + \left(\frac{\mathrm{d}h''}{\mathrm{d}T} - \frac{\mathrm{d}h'}{\mathrm{d}T}\right)\frac{\mathrm{d}T}{\mathrm{d}p}\frac{\mathrm{d}p}{\mathrm{d}z}x - g\sin\theta\right] = 0$$

$$(4\text{-}2\text{-}29)$$

令

$$C_1 = \rho_{\mathrm{m}}A(h''-h')$$

$$C_2 = \rho_{\mathrm{m}}A\left[\left(\frac{\mathrm{d}h''}{\mathrm{d}T} - \frac{\mathrm{d}h'}{\mathrm{d}T}\right)\frac{\mathrm{d}T}{\mathrm{d}p}\frac{\mathrm{d}p}{\mathrm{d}z}\right]$$

$$C_3 = \frac{\mathrm{d}Q}{\mathrm{d}z} + \rho_{\mathrm{m}}A\frac{\mathrm{d}h'}{\mathrm{d}T}\frac{\mathrm{d}T}{\mathrm{d}p}\frac{\mathrm{d}p}{\mathrm{d}z} - \rho_{\mathrm{m}}Ag\sin\theta$$

则

$$C_1\frac{\mathrm{d}x}{\mathrm{d}z} + C_2x + C_3 = 0 \qquad (4\text{-}2\text{-}30)$$

在井筒深度确定时，系数 C_1, C_2, C_3 为常数。

4.2.2　水平井筒传热分析

在注蒸汽过程中，湿蒸汽从水平井的跟部流向趾部，沿程蒸汽不断向油层传热；蒸汽在流经注汽筛管时会发生径向分流，一部分蒸汽经注汽孔进入油套环空，然后进入油层。故蒸汽在水平井筒中的流动为变质量两相流，与竖直井筒有所区别，需要建立不同的数学模型对水平井筒蒸汽流动与传热规律进行研究。

4.2.2.1　物理模型的建立

蒸汽在水平井筒中流动的物理模型可以简化为如图 4-2-2 所示。

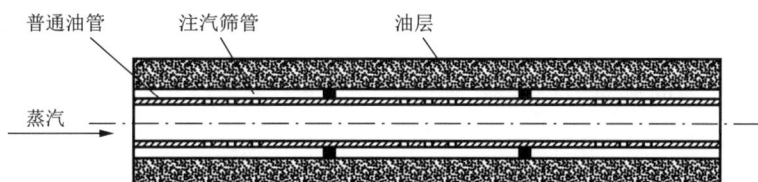

图 4-2-2　水平井筒物理模型

图 4-2-2 中，蒸汽从跟部进入水平井筒，流经普通油管和注汽筛管；从注汽孔喷出，进入油管外的环空，蒸汽通过环空后直接进入油层。油管与环空同轴布置，同一注汽筛管对应的油套环空是连通的，蒸汽可以在环空中自由流动，且同一环空内各处压力相同；不同注汽筛管间的环空是相互隔断的。

4.2.2.2　模型假设条件

（1）井筒内部的传热为一维稳态传热，井筒外缘到油层的传热为一维非稳态传热，忽略沿井筒轴线方向上的热量传递。
（2）湿饱和蒸汽从注汽孔流入油套环空时，不存在气液分离。
（3）气液两相之间存在质量交换，认为湿蒸汽时刻都处于热力学平衡状态。
（4）油层压力为定值，沿井筒方向上无压力梯度。
（5）注汽稳定，跟部蒸汽的流量、温度、干度、压力不变。

4.2.2.3　数学模型的建立

1）质量守恒方程
在水平井筒管段取一长度为 Δz 的微元体，蒸汽在此处的流动情况如图 4-2-3 所示。
根据质量守恒方程，在一段时间 $\Delta\tau$ 内流入微元体的蒸汽质量等于微元体内蒸汽质量的增量，可表示为：

$$M_1\Delta\tau - M_2\Delta\tau - m_0\Delta z\Delta\tau = A\Delta z\Delta\tau\frac{\partial\rho_m}{\partial\tau} \tag{4-2-31}$$

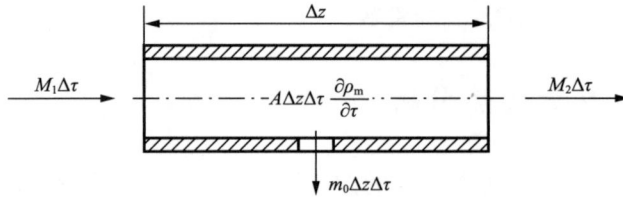

图 4-2-3　水平井筒流动分析示意图

式中　M_1——微元体进口截面蒸汽质量流量,kg/s;

　　　M_2——微元体出口截面蒸汽质量流量,kg/s;

　　　m_0——单位长度筛管的蒸汽泄流量,kg/(m·s);

　　　A——油管内截面积,m²。

对式(4-2-31),两端同除以 $\Delta z\Delta\tau$ 并取 $\Delta z \to 0$ 的极限得:

$$-\frac{d\sum M_i}{dz}-m_0 = A\frac{\partial\rho_m}{\partial\tau}\quad(i=1,2)\tag{4-2-32}$$

又因为蒸汽在井筒内的流动为稳定流,即

$$\frac{\partial\rho_m}{\partial\tau}=0\tag{4-2-33}$$

因此,式(4-2-32)可以简化为:

$$\frac{dM}{dz}=-m_0\tag{4-2-34}$$

式中　M——管内蒸汽质量流量,kg/s。

由于 $m_0>0$,有 $dM/dz<0$,表明因存在注汽筛管的分流作用,井筒内蒸汽质量流量从跟部到趾部逐渐减少。

在油管段不存在蒸汽的径向分流,$m_0=0$,此时质量守恒方程为:

$$\frac{dM}{dz}=-m_0=0\tag{4-2-35}$$

2)能量守恒方程

在水平井筛管段取一长度为 Δz 的微元体,蒸汽在该处的流动情况如图 4-2-4 所示。开口系统能量方程为:

$$M_1\left(h_m+\frac{w_m^2}{2}+gz\sin\theta\right)_1 - M_2\left(h_m+\frac{w_m^2}{2}+gz\sin\theta\right)_2 -$$
$$m_0\left(h_m+\frac{w_0^2}{2}+gz\sin\theta\right)\Delta z - q\Delta z - w_f\Delta z = 0\tag{4-2-36}$$

式中　q——单位时间蒸汽流经单位长度井筒的传热损失,W/m;

　　　w_f——单位时间蒸汽流经单位长度井筒摩擦力做的功,W/m;

　　　h_m——湿蒸汽比焓,J/kg;

　　　w_0——单位时间蒸汽流出注汽孔的流动速度,m/s。

忽略水平段重力对蒸汽流动的影响,将式(4-2-36)改写成微分形式:

$$\frac{d}{dz}\left[M\left(h_m+\frac{w_m^2}{2}\right)\right]=-m_0\left(h_m+\frac{w_0^2}{2}\right)-q-w_f\tag{4-2-37}$$

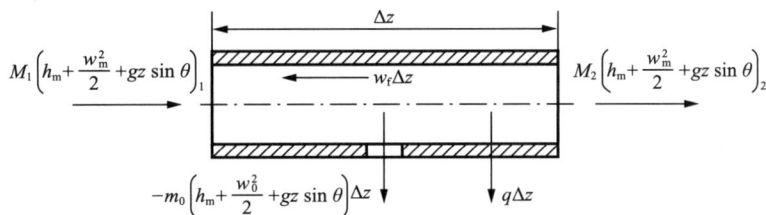

图 4-2-4　水平井筒流动分析示意图

整理得：

$$M\frac{\mathrm{d}h_\mathrm{m}}{\mathrm{d}z}+M\frac{\mathrm{d}}{\mathrm{d}z}\left(\frac{w_\mathrm{m}^2}{2}\right)=-\frac{1}{2}m_0(w_0^2-w_\mathrm{m}^2)-q-w_\mathrm{f} \tag{4-2-38}$$

当蒸汽干度不等于 0 时，有：

$$\frac{\mathrm{d}h_\mathrm{m}}{\mathrm{d}z}=(h''-h')\frac{\mathrm{d}x}{\mathrm{d}z}+\left[(1-x)\frac{\mathrm{d}h'}{\mathrm{d}T}+x\frac{\mathrm{d}h''}{\mathrm{d}T}\right]\frac{\mathrm{d}T}{\mathrm{d}p}\frac{\mathrm{d}p}{\mathrm{d}z} \tag{4-2-39}$$

由 $w_\mathrm{m}=\dfrac{M}{\rho_\mathrm{m}A}$ 得：

$$\frac{\mathrm{d}}{\mathrm{d}z}\left(\frac{w_\mathrm{m}^2}{2}\right)=w_\mathrm{m}\frac{\mathrm{d}}{\mathrm{d}z}\left(\frac{M}{\rho_\mathrm{m}A}\right)=\frac{w_\mathrm{m}}{\rho_\mathrm{m}A}m_0+\frac{Mw_\mathrm{m}}{A}\frac{\mathrm{d}}{\mathrm{d}z}\left(\frac{1}{\rho_\mathrm{m}}\right) \tag{4-2-40}$$

由气体理想气体状态方程可得：

$$\mathrm{d}\left(\frac{1}{\rho_\mathrm{m}}\right)=\frac{1}{\rho_\mathrm{m}}\left(\frac{1}{T}\frac{\mathrm{d}T}{\mathrm{d}p}-\frac{1}{p}\right)\mathrm{d}p \tag{4-2-41}$$

将上式代入式（4-2-40），整理得：

$$\frac{\mathrm{d}}{\mathrm{d}z}\left(\frac{w_\mathrm{m}^2}{2}\right)=\frac{w_\mathrm{m}}{\rho_\mathrm{m}A}m_0+\frac{Mw_\mathrm{m}}{\rho_\mathrm{m}A}\left(\frac{1}{T}\frac{\mathrm{d}T}{p}-\frac{1}{p}\right)\frac{\mathrm{d}p}{\mathrm{d}z} \tag{4-2-42}$$

将式（4-2-39）、式（4-2-40）代入式（4-2-38）得：

$$M(h''-h')\frac{\mathrm{d}x}{\mathrm{d}z}=-\left[M\left(\frac{\mathrm{d}h''}{\mathrm{d}T}-\frac{\mathrm{d}h'}{\mathrm{d}T}\right)\frac{\mathrm{d}T}{\mathrm{d}p}\frac{\mathrm{d}p}{\mathrm{d}z}\right]x-M\frac{\mathrm{d}h'}{\mathrm{d}T}\frac{\mathrm{d}T}{\mathrm{d}p}\frac{\mathrm{d}p}{\mathrm{d}z}-$$
$$M\left[\frac{w_\mathrm{m}}{\rho_\mathrm{m}A}m_0+\frac{Mw_\mathrm{m}}{\rho_\mathrm{m}A}\left(\frac{1}{T}\frac{\mathrm{d}T}{p}-\frac{1}{p}\right)\frac{\mathrm{d}p}{\mathrm{d}z}\right]-w_\mathrm{f}-q-\frac{1}{2}m_0(w_0^2-w_\mathrm{m}^2) \tag{4-2-43}$$

由于传热损失存在，井筒内的蒸汽干度可能会降低至 0，此时式（4-2-43）可写为：

$$\frac{\mathrm{d}}{\mathrm{d}z}\left[M\left(h_1+\frac{w_\mathrm{m}^2}{2}\right)\right]=-q-w_\mathrm{f}-m_0\left(h_1+\frac{w_0^2}{2}\right) \tag{4-2-44}$$

式中　h_1——水的比焓，J/kg。

式（4-2-44）整理可得：

$$M\frac{\mathrm{d}h_1}{\mathrm{d}T}\frac{\mathrm{d}T}{\mathrm{d}z}+M\left[\frac{w_\mathrm{m}}{\rho_\mathrm{m}A}m_0+\frac{Mw_\mathrm{m}}{\rho_\mathrm{m}A}\left(\frac{1}{T}\frac{\mathrm{d}T}{p}-\frac{1}{p}\right)\frac{\mathrm{d}p}{\mathrm{d}z}\right]=-q-\frac{1}{2}m_0(w_0^2-w_\mathrm{m}^2)-w_\mathrm{f}$$
$$\tag{4-2-45}$$

由于理想气体 $\left(\dfrac{\mathrm{d}h}{\mathrm{d}T}\right)_p=c_p$，由上式可以得：

$$\frac{\mathrm{d}T}{\mathrm{d}z}=-\left\{M\left[\frac{w_\mathrm{m}m_0}{\rho_\mathrm{m}A}+\frac{Mw_\mathrm{m}}{\rho_\mathrm{m}A}\left(\frac{1}{T}\frac{\mathrm{d}T}{p}-\frac{1}{p}\right)\frac{\mathrm{d}p}{\mathrm{d}z}\right]+q+\frac{1}{2}m_0(w_0^2-w_\mathrm{m}^2)+w_\mathrm{f}\right\}\Big/(Mc_p)$$
$$\tag{4-2-46}$$

在普通油管段有 $m_0 = 0$，此时式（4-2-46）简化为：

$$\frac{dT}{dz} = -\left\{ M\left[\frac{Mw_m}{\rho_m A}\left(\frac{1}{T}\frac{dT}{p} - \frac{1}{p}\right)\frac{dp}{dz}\right] + q + w_f \right\} \Big/ (Mc_p) \qquad (4\text{-}2\text{-}47)$$

3）动量方程

在水平井筛管段取一长度为 Δz 的微元体，蒸汽的流动情况如图 4-2-5 所示。水平方向上蒸汽受到微元段入口的压力为 $p(z)$，出口压力为 $p(z+\Delta z)$，管壁处的切应力即流动阻力为 τ。

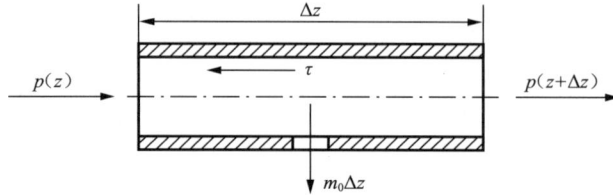

图 4-2-5　水平井筒流动分析示意图

在水平方向上运用动量定律得：

$$Ap(z) - Ap(z+\Delta z) - 2\pi r\tau\Delta z = \Delta(Mw_m) \qquad (4\text{-}2\text{-}48)$$

式（4-2-48）两端同时除以 $A dz$，得到微元段的压降方程为：

$$\frac{dp}{dz} = -\frac{1}{A}\left(2\pi r\tau + w_m m_0 + M\frac{dw_m}{dz}\right) \qquad (4\text{-}2\text{-}49)$$

由 $w_m = \dfrac{M}{\rho_m A}$ 得：

$$\frac{dw_m}{dz} = \frac{1}{\rho_m A}m_0 + \frac{M}{\rho_m A}\left(\frac{1}{T}\frac{dT}{p} - \frac{1}{p}\right)\frac{dp}{dz} \qquad (4\text{-}2\text{-}50)$$

将式（4-2-50）代入式（4-2-49）得：

$$\frac{dp}{dz} = -\frac{1}{A}\left[2\pi r\tau + 2w_m m_0 + Mw_m\left(\frac{1}{T}\frac{dT}{p} - \frac{1}{p}\right)\frac{dp}{dz}\right] \qquad (4\text{-}2\text{-}51)$$

整理得：

$$\frac{dp}{dz} = -\frac{(2\pi r\tau + 2w_m m_0)}{A\left[1 + \dfrac{Mw_m}{A}\left(\dfrac{1}{T}\dfrac{dT}{p} - \dfrac{1}{p}\right)\right]} \qquad (4\text{-}2\text{-}52)$$

4）水平井筒与油层间换热

水平井筒结构如图 4-2-6 所示，与竖直井筒结构类似，沿径向依次为油管、油套环空、套管、水泥环和地层。

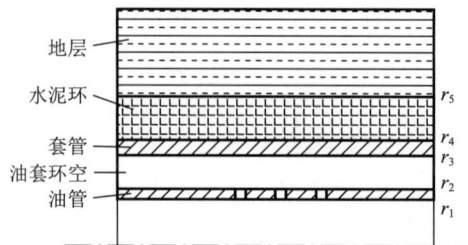

图 4-2-6　水平井筒结构

同竖直井筒的传热一样,水平井筒总的传热系数 K 为:

$$K = \left[\frac{1}{h_f r_1} + \frac{1}{\lambda'_{\text{tub}}} \ln \frac{r_2}{r_1} + \frac{1}{r_3(h_c + h_r)} \ln \frac{r_3}{r_2} + \frac{1}{\lambda_{\text{cas}}} \ln \frac{r_4}{r_3} + \frac{1}{\lambda_{\text{cem}}} \ln \frac{r_5}{r_4} \right]^{-1} \quad (4\text{-}2\text{-}53)$$

式中 λ'_{tub}——普通油管的导热系数,W/(m·K)。

井筒外缘到油层的传热量按照式(4-2-47)确定。与隔热油管相比,普通油管的导热系数远远大于隔热油管的视导热系数,导致水平井段油管中心至水泥环的传热系数大于竖直井筒。

5) 流动阻力计算

蒸汽在水平井水平段流动时会流经普通油管和注汽筛管,故不同管柱的流动阻力不同。同时,随着注汽筛管的径向分流及向储层传热,蒸汽干度改变,流态可能由两相流转变为单相流,故不同流态的流动阻力不同。

计算蒸汽在管内流动压降的关键是确定流动摩阻系数,需具体计算。

(1) 单相流阻力计算。

当蒸汽干度降到零时,普通油管单相流的流动压降 p 为:

$$p = f \frac{\rho_m w_m^2}{2d} \quad (4\text{-}2\text{-}54)$$

式中 f——流动摩阻系数。

对于层流,f 值可以由理论方法来确定;对于湍流,则运用半经验公式来确定。

各种文献给出的摩阻系数计算经验公式和流态划分标准不尽相同,我国输油部门常用的经验公式见表 4-1-4。

由层流到紊流的过渡状态极不稳定,没有可靠的公式,一般凭经验参照湍流水力光滑区来选择 f 值。

(2) 两相流阻力计算。

油管内蒸汽流动为气水两相流时,其流动压降计算公式与单相流形式一致,只是参数意义不同,具体如下:

$$p_m = f_m \frac{\rho_m w_m^2}{2d} \quad (4\text{-}2\text{-}55)$$

式中 f_m——两相流摩阻系数。

目前应用最广泛的两相流摩阻压降关系式有 B-B 公式、Orkiszewskis 方法、Friedel 方法、L-M-C 方法等。根据杨德伟、黄善波对注蒸汽井井筒两相流流动模型的选择研究,选择 B-B 公式计算湿蒸汽在井筒中流动的摩阻系数,具体如下:

① 井筒内流体参数。

蒸汽流量和密度为:

$$q_g = \beta q, \quad q_1 = (1-\beta)q, \quad \rho_m = \beta \rho_g + (1-\beta)\rho_1$$

式中 q, q_g, q_1——湿蒸汽、气相、液相的体积流量,m^3/s;

  ρ_m, ρ_g, ρ_1——湿蒸汽、气相、液相的密度,kg/m^3;

  β——气相体积分数。

蒸汽气相、液相的表观流速为:

$$w_{sl} = q_l/A, \quad w_{sg} = q_g/A, \quad w_m = w_{sl} + w_{sg}$$

式中　w_{sg}, w_{sl}——蒸汽气相、液相的表观流速，m/s。

单位流通截面积上蒸汽的质量流量为：

$$G_l = \rho_l w_{sl}, \quad G_g = \rho_g w_{sg}, \quad G_m = G_l + G_g$$

式中　G_l, G_g, G_m——单位截面液相、气相及总质量流量，$kg/(m^2 \cdot s)$。

体积含液率 λ 为：

$$\lambda = \frac{q_l}{q_l + q_g}$$

弗劳德数 Fr 为：

$$Fr = \frac{w_m}{\sqrt{dg}}$$

式中　d——油管内径，m。

蒸汽黏度 μ_m 为：

$$\mu_m = \lambda\mu_l + (1-\lambda)\mu_g$$

式中　μ_l, μ_g——液相、气相黏度，$mPa \cdot s$。

无滑脱雷诺数 Re_{ns} 及液相流速准数 N_{LV} 为：

$$Re_{ns} = \frac{G_m d}{\mu_m}, \quad N_{LV} = 1.938 w_{sl}\left(\frac{\rho_l}{\sigma_l}\right)^{0.25}$$

式中　σ_l——液相的表面张力，N/m。

② 流型确定。

$$L_1 = 316\lambda^{0.302}, \quad L_2 = 0.0009252\lambda^{-2.4684}, \quad L_3 = 0.10\lambda^{-1.4516}, \quad L_4 = 0.5\lambda^{-6.738}$$

分离型
$$\lambda < 0.01 \text{ 及 } Fr < L_1 \quad \text{或} \quad \lambda \geqslant 0.01 \text{ 及 } Fr < L_2$$

过渡型
$$\lambda \geqslant 0.01 \text{ 及 } L_2 < Fr \leqslant L_3$$

间歇型
$$0.01 \leqslant \lambda < 0.4 \text{ 及 } L_3 < Fr \leqslant L_1 \quad \text{或} \quad \lambda \geqslant 0.4 \text{ 及 } L_3 < Fr \leqslant L_4$$

分散型
$$\lambda < 0.4 \text{ 及 } Fr \geqslant L_1 \quad \text{或} \quad \lambda \geqslant 0.4 \text{ 及 } Fr \geqslant L_4$$

③ 根据流型计算水平管界面含气率 $H_L(0)$。

$$H_L(0) = \frac{a\lambda^b}{Fr^c}$$

式中，a, b, c 按表 4-2-1 确定。

表 4-2-1　a,b,c 系数表

流 型	a	b	c
分离流	0.98	0.484 6	0.086 8
间歇流	0.845	0.535 1	0.017 3
分散流	1.065	0.592 9	0.060 9

倾斜管截面含气率 $H_L(\theta)$ 为：

$$H_L(\theta) = H_L(0)\psi$$

式中　ψ——倾角修正系数。

$$\psi = 1 + C[\sin(1.8\theta) - 0.333\sin^3(1.8\theta)]$$

$$C = (1-\lambda)\ln(4.7\lambda^{-0.3692}N_{LV}^{0.1244}Fr^{-0.5056})$$

④ 摩阻系数。

$$f_{ns} = 0.005\,6 + \frac{0.5}{Re_{ns}^{0.32}}$$

⑤ 摩阻系数比。

$$e^S = \frac{f_m}{f_{ns}}$$

其中

$$S = (\ln y)/[-0.052\,3 + 3.182\ln y - 0.872\,5(\ln y)^2 + 0.018\,53(\ln y)^4]$$

$$y = \lambda/[H_L(\theta)]^2$$

$$S = \ln(2.2y - 1.2), \quad 1 < y < 1.2$$

⑥ 两相流摩阻系数。

$$f_m = f_{ns}e^S$$

（3）孔眼摩擦压力损失。

与普通油管相比，蒸汽在流经注汽筛管时还存在孔眼摩擦压力损失。根据 Su 等的计算方法，孔眼摩擦压力损失 Δp_{perf} 为：

$$\Delta p_{perf} = f_{perf}\frac{l}{d}\cdot\frac{\rho_m w_m^2}{2} \tag{4-2-56}$$

式中　l——筛管长度；

　　　d——孔眼直径；

　　　f_{perf}——孔眼摩擦系数。

孔眼摩擦系数 f_{perf} 可用通用速度分布规律和粗糙度函数 $\frac{\Delta u}{u^*}$ 表示：

$$\sqrt{\frac{8}{f_{perf}}} = 2.5\ln\left(\frac{Re}{2}\sqrt{\frac{f_{perf}}{8}}\right) + B - \frac{\Delta u}{u^*} - 3.75 \tag{4-2-57}$$

式中

$$B = \sqrt{\frac{8}{f}} - 2.5\ln\left(\frac{Re}{2}\sqrt{\frac{f}{8}}\right) + 3.75 \tag{4-2-58}$$

式中　f——管壁摩阻系数。

根据 Gardel 的方法可按下式计算出粗糙度分布规律：

$$\frac{\Delta u}{u^*} = 7.0\frac{d}{D}\cdot\frac{n}{12} \tag{4-2-59}$$

式中　D——油管内径，mm；

　　　n——1 ft（1 ft = 0.304 8 m）所包含的孔眼个数。

当蒸汽以不同的流态流经普通油管和注汽筛管时，蒸汽与管壁间综合摩阻系数 f_s 的取值见表 4-2-2。

表 4-2-2　不同情况下 f_s 的取值

	蒸汽流态	综合摩阻系数 f_s
普通油管	单相流	f
	两相流	f_m
注汽筛管	单相流	$f+f_{perf}$
	两相流	f_m+f_{perf}

蒸汽在井筒流动过程中,在管壁处的流动阻力 τ 为:

$$\tau=\frac{1}{8}f_s\rho_m w_m^2 \tag{4-2-60}$$

6）注汽孔泄流量确定

注汽筛管注汽量大小与对应储层吸汽量相等,注汽孔湿蒸汽泄流量大小取决于油管与环空间的压差,而油层吸汽量取决于环空与油层压差,二者间通过压力驱动达到统一。

（1）注汽孔流量计算。

气、液两相相互影响,两相介质通过注汽孔时的摩擦,以及伴随压力变化引起的闪蒸,使得注汽孔内两相流动的机理较为复杂。下面将两相介质分开进行计算,然后叠加得到注汽孔湿蒸汽泄流量。

对于气体介质,此处指水蒸气,通过注汽孔的流量按照理想状况下的气体流过喷管时可逆的流量计算。

由热力学第一定律可知,注汽孔出口的速度为:

$$c_f=\sqrt{2(h_0-h_f)+c_0^2} \tag{4-2-61}$$

式中　c_0,c_f——注汽孔进、出口截面上的流速,m/s;

　　　h_0,h_f——注汽孔进、出口截面上的比焓,J/kg。

由于水蒸气在进入注汽孔之前是沿水平方向流动的,在垂直于注汽孔进口截面上的速度为 0,所以上式中的 c_0 可以忽略,有:

$$c_f=\sqrt{2(h_0-h_f)} \tag{4-2-62}$$

假定气体为理想气体,且为可逆流动,则可以由状态方程得出:

$$c_f''=\sqrt{2\frac{kp_0v_0''}{k-1}\left[1-\left(\frac{p_f}{p_0}\right)^{\frac{k}{k-1}}\right]} \tag{4-2-63}$$

式中　c_f''——水蒸气在注汽孔出口处的流速,m/s;

　　　p_0,p_f——水蒸气在注汽孔进、出口处的压力,Pa;

　　　v_0''——水蒸气在注汽孔入口处的比体积,m³/kg;

　　　k——多变指数。

对于干饱和蒸汽,一般取 $k=1.135$,则有:

$$\frac{p_{cr}}{p_0}=v_{cr}=\left(\frac{2}{k+1}\right)^{\frac{k}{k-1}} \tag{4-2-64}$$

式中 p_{cr}——临界压力，Pa；

$\quad\quad v_{cr}$——临界压力比。

按照式(4-2-64)计算可知，干饱和蒸汽的临界压力比 $v_{cr}=0.577$。一般地环空力与水平井内的蒸汽压力的比值都大于 v_{cr}，故水蒸气的流动没有达到临界流速。

采用式(4-2-65)计算水蒸气的质量流量：

$$q''_m = \frac{A''c''_f}{v''_f} \tag{4-2-65}$$

式中 q''_m——通过注汽孔水蒸气的质量流量，kg/s；

$\quad\quad A''$——水蒸气所占注汽孔出口截面积，m^3；

$\quad\quad v''_f$——注汽孔出口处水蒸气的比体积，m^3/kg。

对于液体介质，此处即饱和水，在注汽孔中的流动过程可以采用伯努利方程计算：

$$z_0 + \frac{p_0}{\gamma} + \frac{w_0^2}{2g} = z_f + \frac{p_f}{\gamma} + \frac{c'^2_f}{2g} \tag{4-2-66}$$

式中 z_0——注汽孔进口饱和水水位，m；

$\quad\quad p_0$——喷嘴进口饱和水压力，Pa；

$\quad\quad \gamma$——水的重度，$kg/(m^2 \cdot s^2)$；

$\quad\quad w_0$——喷嘴进口饱和水流速，m/s；

$\quad\quad z_f$——喷嘴出口饱和水水位，m；

$\quad\quad p_f$——喷嘴出口饱和水压力，Pa；

$\quad\quad c'_f$——喷嘴出口饱和水流速，m/s。

由于水位的高度变化在管道中很小，可以忽略，同时与气体介质的喷嘴进口速度相似，所以进口速度也可以忽略，这样就可以进一步将式(4-2-66)整理为喷嘴出口饱和水流速的形式：

$$c'_f = \sqrt{2(p_0 - p_f)v'_f} \tag{4-2-67}$$

式中 v'_f——饱和水在喷嘴出口处的比体积，m^3/kg。

注汽孔出口液体介质的质量流量可按下式计算：

$$q'_m = \frac{A'c'_f}{v'_f} \tag{4-2-68}$$

式中 q'_m——饱和水在注汽孔出口处的质量流量，kg/s；

$\quad\quad A'$——注汽孔出口处饱和水所占截面积，m^3。

上述气、液两相注汽孔流量是分开进行计算的，将两相流量叠加得到湿蒸汽流过注汽孔的质量流量为：

$$q_m = q'_m + q''_m \tag{4-2-69}$$

式中 q_m——两相流动注汽孔的质量流量，kg/s。

对于气液两相介质所占注汽孔截面积的计算，忽略由注汽孔前后压差产生的饱和水的闪蒸影响，假设注汽孔前后湿蒸汽的干度相同，即单位时间内流出的蒸气质量和饱和水的质量之比满足干度之比的要求：

$$\frac{A''c''_f\rho''_f}{A'c'_f\rho'_f} = \frac{x}{1-x} \tag{4-2-70}$$

式中　ρ''_f——蒸汽密度，kg/m³；

　　　ρ'_f——饱和水密度，kg/m³。

整理式(4-2-70)可得气液两相介质在注汽孔截面上所占据的面积之比：

$$\frac{A''}{A'} = \frac{xc'_f\rho'_f}{(1-x)c''_f\rho''_f}$$ (4-2-71)

注意到 $A'+A''=A_0$（A_0 为注汽孔截面积），因而可以计算出蒸汽和水的流通截面积。

(2) 储层吸汽量计算。

假设每个注汽筛管所对应的储层均质的环空压力为定值，根据 Williams 等提出的注汽速度和井底注汽压力关系式，对单个注汽筛管对应的水平井段建立储层吸汽量的数学模型。

水平井段 l 的吸汽量为：

$$q_l = (p_0 - p_R)J_L I_S$$ (4-2-72)

式中　q_l——储层吸汽量，m³/d；

　　　p_0——环空蒸汽压力，MPa；

　　　p_R——注汽前储层原始压力，MPa；

　　　J_L——采液指数，m³/(d·MPa)；

　　　I_S——储层吸汽指数。

采液指数 J_L 计算如下：

$$J_L = \frac{2\pi \sqrt{\frac{K_h}{K_v}} K_v l\alpha \left(\frac{K_{ro}}{\mu_o B_o} + \frac{K_{rw}}{\mu_w B_w}\right)}{\ln \frac{r'_{eh}}{r_w} - 0.75 + S}$$ (4-2-73)

式中　K_h——储层水平渗透率，mD；

　　　K_v——油层垂向渗透率，mD；

　　　K_{ro}——油的相对渗透率，mD；

　　　K_{rw}——水的相对渗透率，mD；

　　　μ_o——原油黏度，mPa·s；

　　　μ_w——储层水黏度，mPa·s；

　　　B_o——原油体积系数；

　　　B_w——地层水体积系数；

　　　α——单位换算系数；

　　　r'_{eh}——水平段 l 的泄油半径，m；

　　　r_w——水平井井筒半径，m；

　　　S——水平井筒表皮因子。

储层吸汽指数 I_S 计算如下：

$$I_S = \frac{2\ln(A_o/r_w^2) - 3.86}{\ln(A_o/r_w^2) - 2.71 - \ln E_h}$$ (4-2-74)

式中　A_o——水平段 l 的泄油面积，m²；

　　　E_h——考虑盖层、底层热损失后的热效率，即油层中得到的热能与注入热能之比，%。

当 $t_D \leqslant t_{CD}$ 时，有：

$$E_h = \frac{1}{t_D} \left(e^{t_D} \operatorname{erfc} \sqrt{t_D} + 2\sqrt{\frac{t_D}{\pi}} - 1 \right) \tag{4-2-75}$$

当 $t_D > t_{CD}$ 时，有：

$$E_h = \frac{1}{t_D} \left[\left(e^{t_D} \operatorname{erfc} \sqrt{t_D} + 2\sqrt{\frac{t_D}{\pi}} - 1 \right) - \right.$$
$$\left. \sqrt{\frac{t_D - t_{CD}}{\pi}} \left(\frac{1}{1+h_D} + \frac{t_D - t_{CD} - 3}{3} e^{t_D} \operatorname{erfc} \sqrt{t_D} - \frac{t_D - t_{CD}}{3\sqrt{\pi t_D}} \right) \right] \tag{4-2-76}$$

$$t_D = \frac{4\lambda t}{M h^2} \tag{4-2-77}$$

$$h_D = \frac{L_v x}{c_w \Delta t} \tag{4-2-78}$$

式中　$\operatorname{erfc} x$——误差补偿函数；

　　　t_D——无量纲时间；

　　　t_{CD}——无量纲临界时间；

　　　h_D——无量纲比热焓，即气相比焓与液相比焓之比；

　　　λ——油层导热系数，$kJ/(m \cdot d \cdot ℃)$；

　　　M——油层单位体积热容，$kJ/(m^3 \cdot ℃)$；

　　　t——注汽时间，d；

　　　Δt——加热区与原始油藏间的温差，℃；

　　　c_w——水的比热容，$kJ/(kg \cdot ℃)$；

　　　L_v——汽化潜热，kJ/kg。

无量纲临界时间由式（4-2-79）迭代求得：

$$e^{t_{CD}} \operatorname{erfc} \sqrt{t_{CD}} = \frac{1}{1+h_D} \tag{4-2-79}$$

参 考 文 献

[1] 陈梁. 水平井蒸汽流动与传热规律研究[D]. 青岛：中国石油大学（华东），2015.

[2] 林日亿，李端，王新伟，等. 水平井配汽三维物理模拟实验[J]. 石油学报，2020,41(12):1649-1656.

[3] 李端，林日亿，王新伟. 考虑储层非均质时注汽井内蒸汽流动规律[J]. 化工学报，2020,71(12): 5479-5488.

[4] 王新伟，林日亿，杨德伟，等. 热采水平井配汽模拟实验平台建设与应用[J]. 实验技术与管理，2020, 37(10):185-189.

[5] 刘义刚，邹剑，王秋霞，等. 海上稠油油藏水平井注蒸汽开发技术研究[J]. 当代化工，2020,49(7): 1447-1451.

[6] 杨建平，王诗中，林日亿，等. 过热蒸汽辅助重力泄油吞吐预热模拟及方案优化[J]. 中国石油大学学报（自然科学版），2020,44(3):105-113.

[7] 王江涛，熊志国，张家豪，等. 直井辅助双水平井 SAGD 及其动态调控技术[J]. 断块油气田，2019,26 (6):784-788.

[8] 辛野,刘志龙,邹剑,等.高温长效实时监测技术在热采水平井的应用[J].海洋石油,2019,39(2): 23-28.

[9] 王江涛.超稠油直井辅助双水平井 SAGD 技术研究[J].石油化工应用,2019,38(3):57-60.

[10] 周游,鹿腾,武守亚,等.双水平井蒸汽辅助重力泄油蒸汽腔扩展速度计算模型及其应用[J].石油勘探与开发,2019,46(2):334-341.

[11] 齐国超.超稠油水平井注汽优化设计及应用研究[J].中国石油和化工标准与质量,2018,38(13): 106-107.

[12] 吴宁宁.水平井分段注汽调剖方法研究及影响因素分析[J].天然气与石油,2017,35(5):60-65.

[13] 何小东,张磊,黄勇,等.SAGD 水平井启动阶段汽腔加热边界预测模型[J].石油钻采工艺,2017, 39(5):541-546.

[14] 陈会娟,李明忠,狄勤丰,等.多点注汽水平井井筒出流规律数值模拟[J].石油学报,2017,38(6): 696-704.

[15] 田杰,刘慧卿,庞占喜,等.高压环境双水平井 SAGD 三维物理模拟实验[J].石油学报,2017,38 (4):453-460.

[16] 孙逢瑞,姚约东,李相方,等.热采水平井注多元热流体水平段传质传热模型[J].断块油气田, 2017,24(2):259-263.

第 5 章
过热蒸汽对储层的影响

蒸汽辅助重力泄油开采技术作为一种已趋于成熟的有效蒸汽驱替技术,逐渐被应用于油田开采中。向地下注入过热蒸汽可以加热稠油,降低稠油黏度,增加稠油流动性,同时高温的蒸汽还会导致储层岩石的矿物组分发生变化,引起储层岩石的孔隙度、渗透率发生改变,最终提高稠油采收率。

5.1 过热蒸汽热力采油机理

稠油储量丰富,SAGD 作为重要的稠油开采方式,一直是研究热点。因不同开发区块地层条件复杂,常规 SAGD 会出现采收率下降、含水率过高等问题,所以提出了氮气辅助 SAGD、溶剂辅助 SAGD、烟道气辅助 SAGD 等改进技术。过热蒸汽改善 SAGD 作为其中一种改进技术可提高稠油开采效果、扩大蒸汽腔波及面积,但其影响规律与常规 SAGD 不同。

5.1.1 注蒸汽采油机理

稠油被蒸汽加热后,黏度大幅度降低,流动阻力大幅度减小,是增产的主要机理。油层的弹性能量、原油中的溶解气、流体的热膨胀性能(包括蒸汽在回采过程中的膨胀)等在加热后放大压差生产时充分释放出来,产生弹性驱、溶解气驱、膨胀驱等,是增产的重要机理。油层的压力驱动、重力驱动、沉降压实驱动等也对稠油驱动起着重要的作用。另外,油层被加热后,砂粒表面的沥青质、胶质极性油膜被破坏,润湿性改变,由原来的亲油或强亲油变为亲水或强亲水,从而使油相渗透率增加,水相渗透率降低,原油变得更易流动;高温蒸汽和回采过程中的高速液流也可有效地解除油层孔隙中的固形物堵塞,提高吞吐效果。

当蒸汽通过油层从注入井向生产井移动时,产生若干个温度和液体饱和度不同的区域,如图 5-1-1 所示。这些区域一般分为冷凝析区(原油环)、热凝析区和蒸汽区(图 5-1-1a),热凝析区又可进一步分为溶剂环和热水环(热水驱动带)。尽管这些区域之间的分界并不明显,但提供了描述蒸汽驱替过程中所发生各种变化的一种有效方法。

图 5-1-1(b)为典型的蒸汽驱温度剖面图。从注入井到生产井,温度由蒸汽温度 T_S 向油层温度 T_R 逐渐过渡。蒸汽进入油层后,在井筒周围形成一个饱和蒸汽带,其温度与注入蒸汽温度大致相等,随着蒸汽注入量的增加,饱和蒸汽带逐渐扩大。饱和蒸汽带之前为热凝析区,由于油层温度较低,热凝析区中的蒸汽冷凝成水,并被连续注入的蒸汽推向生产井。热凝析作用消耗了蒸汽前缘的部分热量,离注入井筒越远,热凝析区的温度越低,最终与油藏温度达到一致。

由于每一个区域的驱油机理不同,所以注入井和生产井之间残余油饱和度的变化也不相同。如图 5-1-1(c)所示,蒸汽区的原油受热温度最高,其残余油饱和度可达最低值,但实际所达到的残余油饱和度 S_{or} 与初始饱和度 S_{oi} 无关,取决于温度和原油成分。原油通过蒸馏作用等从蒸汽区逸出,其中一部分由于蒸汽加热而汽化,刚好在蒸汽区前缘之前形成一个轻质组分的溶剂环。溶剂环中的含油饱和度在蒸汽与溶剂界面之间达到最大值;另外,在该区中气体也会从原油中逸出。

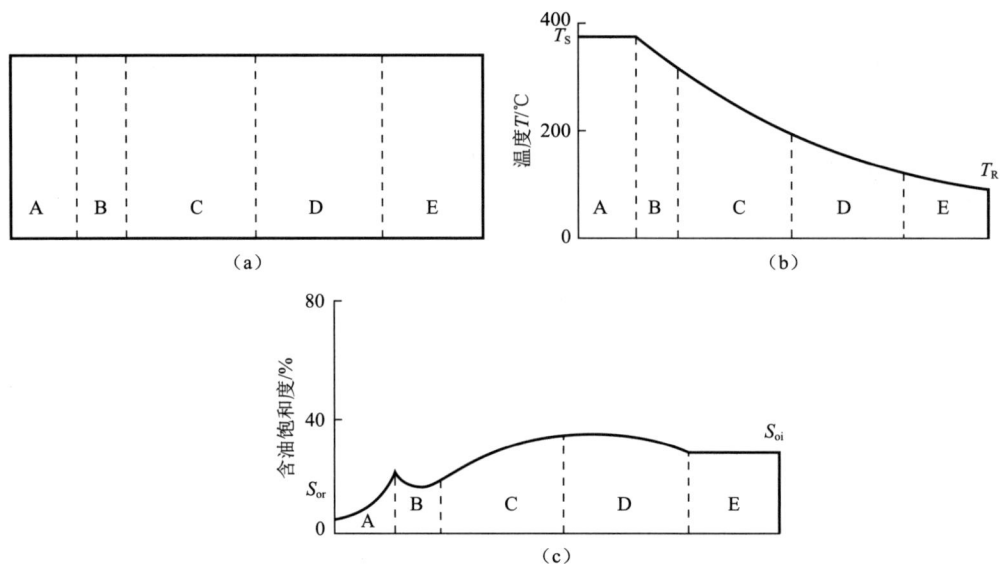

图 5-1-1 线性蒸汽驱过程的分区示意图
A—蒸汽区;B—溶剂环;C—热水环;D—原油环(冷凝析区);E—油藏流体

在热凝析区,蒸汽区产生的溶剂环从油层中萃取残余原油,形成原油混相驱动;该区中的高温还可以使原油降黏,并使其膨胀,从而形成比常规注水采油低的残余油饱和度。可流动的原油被不断补充的蒸汽和热水向前推进,当注入的蒸汽冷凝到油藏温度时(冷凝析区),就形成了油环。因此,该区的含油饱和度实际上远高于初始含油饱和度,此时驱替过程为典型的水驱过程。最后,在油藏流体区,原油饱和度接近初始值。

在不同驱替带之间几种驱替机理可以同时起作用,也就是说,在蒸汽驱过程中,由于改善了重力泄油,加上扫及效率较高,蒸汽驱增采的原油量超过了热水驱。

由上述讨论可知,影响原油采收率的主要因素有:① 降黏作用;② 热膨胀作用;③ 蒸汽的蒸馏作用;④ 脱气作用;⑤ 混相驱作用;⑥ 溶解气驱作用;⑦ 乳状液驱作用。

（1）降黏作用。

温度升高使原油黏度降低，在 $200\sim300$ ℃高温下，稠油黏度可降低 $2\sim3$ 个数量级，这是注蒸汽开采重油最重要的机理。随着蒸汽的注入，油藏温度升高，油和水的黏度都会降低，但水黏度的降低程度与油相小得多，其结果是改善了水油流度比 M：

$$M = \frac{\mu_o K_w}{\mu_w K_o} \tag{5-1-1}$$

式中　K_w，K_o——水和油的有效渗透率，mD。

在油的黏度较低时，驱替效率和扫及效率都得到改善。热水驱能比常规水驱采出更多的油。

（2）热膨胀作用。

热膨胀也是热水带中的一个重要采油机理。随着温度的升高，油发生膨胀，饱和度增大，变得更具流动性。油的膨胀性取决于它的组成。因为轻质油的膨胀率大于重油，所以热膨胀作用在开采轻油中所起的作用比重油大。

（3）蒸汽的蒸馏作用。

蒸汽的蒸馏作用是蒸汽带中的重要采油机理，它降低了油藏液体的沸点。油藏中油水混合物的总蒸气压（p_r）等于这两种液体的蒸气压之和（$p + p_o$）。当总蒸气压等于或超过系统压力时，混合物将沸腾。蒸汽的蒸馏作用还会导致油被剥蚀，使油从死孔隙向连通孔隙转移，从而增大了驱油的机会，提高了驱油效率。由于水蒸气密度大于蒸馏油中的轻质馏分，因此蒸汽突破前所产的油比突破后所产的油轻。蒸汽蒸馏作用在采轻油中起更大的作用，因为轻油中含有更多的可蒸馏组分。

（4）脱气作用。

蒸汽前缘后面也会发生气体的脱出。作为气体运载介质的水蒸气，将选择性地从液体中脱出轻质馏分。但是，这一作用要比蒸汽的蒸馏作用小得多。

（5）油的混相驱作用。

水蒸气蒸馏出的大部分轻质馏分通过蒸汽带和热水带进入较冷的区域，在那里这些轻质馏分和运载它们的水蒸气一起冷凝。当水蒸气冷凝成更黏的热水时，可减弱热水的指进现象。凝析的热水与油一起流动，形成热水驱。凝析的轻质馏分与底层的原油混合并将其稀释，降低了原油的密度和黏度。随着蒸汽前缘向生产井推进，这些轻质馏分又从与它接触的油中抽提出更多的轻质组分。因此，当像溶剂一样的轻质油墙通过地层向前推进时，它的尺寸不断增大，形成了油的混相驱。

（6）溶解气驱作用。

在热水和冷水驱替带中遇到的溶解气驱是把热能转化为驱油机械能的技术。随着蒸汽前缘温度的升高，溶解气从油中脱出，溶解量减少。这些脱出的气发生膨胀，成为驱油的动力，从而增加了油的采出量。蒸汽驱期间，地层中碳酸盐等物质的高温反应或含 CO_2 油本身都会产生 CO_2。CO_2 将以与溶解气相同的驱替机理采出一些油。因此，当蒸汽驱中产生大量 CO_2 时，也能成为一种非常重要的采油机理。

（7）乳状液驱作用。

在蒸汽前缘，油的蒸馏馏分可能发生凝析并形成悬浮子水中的油滴，也可能把凝析水乳化在油中。虽然乳状液的黏度与油水黏度和乳状液类型有关,但往往比油和水的黏度大。乳状液的形成可能会大大增加驱动压力,但在高渗透的非胶结地层中,黏性乳状液墙会通过降低蒸汽的指进来提高热水驱区域的采油状况。

在任何蒸汽驱过程中,起主要作用的机理都取决于原油的类型,例如对重质原油的开采,降黏和蒸汽的蒸馏可能是最重要的作用机理,而热膨胀、蒸汽的蒸馏(伴随形成溶剂区)和轻烃气抽提作用最常见于常规原油开采过程中。

5.1.2 注过热蒸汽井热力计算

近年来稠油热采井筒注蒸汽热力采油工艺得到了较大的发展,在注湿蒸汽的基础上发展了注过热蒸汽技术。与湿蒸汽相比,同样质量的过热蒸汽所含热量多、体积大,到达井底时可以获得较高的干度,在油层中有较好的加热效果和较大的驱替体积。因此,注过热蒸汽逐渐成为提高热力采油效率的有效措施之一。

目前,胜利油田、河南油田等在稠油开发过程中都试验了注过热蒸汽技术。为了预测注蒸汽的效果,需要配套蒸汽参数在井筒内的变化规律。注湿蒸汽的热力计算模型和计算方法已有许多文献报道,但与注湿蒸汽不同,注过热蒸汽涉及蒸汽从过热到饱和的过渡,需要确定蒸汽从井口到井底的状态变化、对应的控制方程和求解变量的切换,把注过热蒸汽、热水和湿蒸汽统一起来,建立综合模型,以便于体现蒸汽相态变化。下面从井筒散热和能量守恒出发,建立井筒注过热蒸汽热力计算数学模型,以压力和比焓为求解变量,统一注汽热力计算模型,通过计算得到注过热蒸汽过程中井筒内蒸汽相态的变化和热力参数的变化规律。

5.1.2.1 注汽井井筒热力计算的物理模型

注汽井内流体热力参数变化的原因在于散热和摩擦导致的压力和温度变化,进而导致蒸汽状态的改变。摩擦和重力影响井筒内流体的压力分布,而散热则影响流体的温度、干度和相态分布。假设蒸汽流动过程中摩擦产生的热量可以忽略不计,则蒸汽在井筒内热力参数的变化服从动量和能量守恒方程。

动量守恒方程

$$\frac{\mathrm{d}p}{\mathrm{d}z} = -0.5 f_{\mathrm{tp}} v^2 / d - \rho_{\mathrm{tp}} v \frac{\mathrm{d}v}{\mathrm{d}z} - \rho_{\mathrm{tp}} g \sin \theta \tag{5-1-2}$$

能量守恒方程

$$G \frac{\mathrm{d}(h + 0.5 v^2 + gz)}{\mathrm{d}z} = -K_1 (T - T_\infty) \tag{5-1-3}$$

约束方程

$$h = \begin{cases} f(x, p) & \text{饱和湿蒸汽} \\ h(p, T) & \text{过冷水或过热蒸汽} \end{cases} \tag{5-1-4}$$

初始条件

$$z = 0, \begin{cases} p = p_0 \\ x = x_0 \text{ 或 } h = h_0 \end{cases} \tag{5-1-5}$$

式中　p——蒸汽的压力，Pa；

z——蒸汽流过的管长，m；

f_{tp}——两相摩阻系数；

v——蒸汽在管道内的平均流速，m/s；

d——管内径，m；

ρ_{tp}——两相流密度，kg/m³；

g——重力加速度，m/s²；

θ——井轴与水平面的夹角，(°)；

h——水蒸气的比焓，J/kg；

K_1——单位管长的传热系数，W/(m·K)；

G——水蒸气的质量流量，kg/s；

T——水蒸气的温度，K；

T_∞——蒸汽散热环境的温度，K；

p_0,x_0——井口的蒸汽压力与干度。

式(5-1-2)、式(5-1-3)与传统模型形式是相同的，区别在于对能量方程的处理。传统模型预先假定蒸汽的状态，把能量方程转化为温度或干度的控制方程，以压力和干度（或温度）为自变量进行求解。这里采用压力和比焓作为求解变量，得到井内沿程压力和比焓分布，进而求得温度、干度分布，同时得到蒸汽的相态分布。无论蒸汽状态如何，方程(5-1-3)都是成立的，因此它是注汽热力计算的综合模型。

5.1.2.2　井筒热损失计算

井筒热损失计算是注蒸汽过程计算的一个重要环节，在文献中有详细的说明，这里仅针对图 5-1-2 所示的井筒模型，给出传热系数 K_1 的计算公式：

$$K_1^{-1} = \frac{1}{\pi r_1 \alpha_1} + \frac{1}{2\pi\lambda_{ins}}\ln\left(\frac{r_2}{r_1}\right) + R_e + \frac{1}{2\pi\lambda_p}\ln\left(\frac{r_4}{r_3}\right) + \frac{1}{2\pi\lambda_{ce}}\ln\left(\frac{r_5}{r_4}\right) + R_f \quad (5\text{-}1\text{-}6)$$

其中

$$R_f = \frac{1}{2\pi\lambda_f}\left[0.982\ln\left(1 + 1.81\sqrt{\frac{4a\tau}{r_5^2}}\right)\right]$$

式中　α_1——管壁与蒸汽的对流换热系数，W/(m²·K)；

λ_{ins}——隔热材料的导热系数，W/(m·℃)；

λ_p——套管的当量导热系数，W/(m·℃)；

λ_{ce}——水泥环的导热系数，W/(m·℃)；

R_e——环空的传热热阻，由对流换热热阻和辐射传热热阻构成，当环空内为气体时对流换热和辐射传热同时存在，当环空内为液体时则仅有对流换热；

R_f——地层的导热热阻，它与注汽时间有关；

λ_f——地层的导热系数，W/(m·℃)；

a——地层的热扩散率，m²/s；

τ——注汽时间，s；

r_i——管柱各个环节的半径,$i=1,2,3,4,5$。

地层热阻是随时间变化的,时间越长,其值越大,但从函数的特征也可以看出,随时间的延长,其增加幅度越来越小,一定时间后,接近于一个常数。

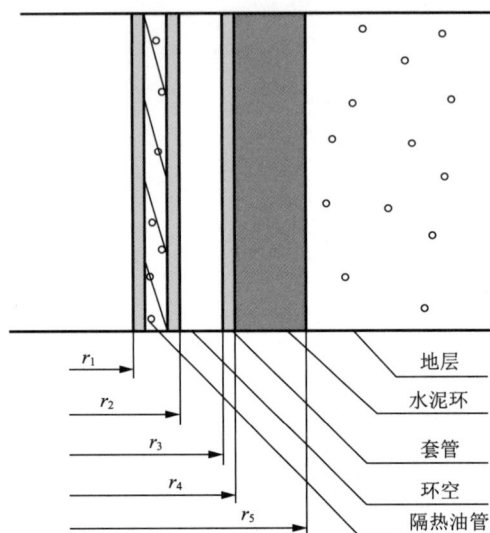

图 5-1-2 井筒热力计算模型

5.1.2.3 模型求解方法

动量方程需要根据井筒内蒸汽状态选用单相流模型或两相流模型。蒸汽的状态需要根据蒸汽流动过程中的散热和压力变化情况确定。单相流压力变化的计算比较简单,两相流采用 Hasan-Kabir 气液两相流模型进行计算。

描述过热蒸汽或湿蒸汽在井筒中流动的热力参数变化关系的公式(5-1-2)和(5-1-3)为非线性常微分方程组,需要用数值解法进行求解,采用梯形积分计算。计算时,首先将整个井筒分成 N 等份,每份称为一个节点,井口编号为 $i=0$,井底对应节点编号为 N。显然,井口蒸汽温度和压力已知,井口蒸汽的比焓也可以计算。

$$\begin{cases} p_i = p_{i-1} + \dfrac{1}{2}\Big[\Big(\dfrac{\mathrm{d}p}{\mathrm{d}z}\Big)_{i-1} + \Big(\dfrac{\mathrm{d}p}{\mathrm{d}z}\Big)_i\Big]\Delta z \\ h_i = h_{i-1} + \dfrac{1}{2}\Big[\Big(\dfrac{\mathrm{d}h}{\mathrm{d}z}\Big)_{i-1} + \Big(\dfrac{\mathrm{d}h}{\mathrm{d}z}\Big)_i\Big]\Delta z \end{cases} \tag{5-1-7}$$

由式(5-1-7)可以看出,当 $i=1$ 时,$i-1$ 节点为 0,属于已知点,1 点的参数待求,同时又出现在方程的右端,因此需要迭代求解。这样利用梯形积分方法就可以由节点 0 处的值求得 1 点的值,再由 1 点的值求得 2 点的值,以此类推,逐步计算出所有节点的参数。需要说明的是,计算过程中需要判断相态,并及时地切换压力计算模型。

5.1.2.4 蒸汽温度、干度和湿蒸汽出现位置的确定

无论是注过热蒸汽还是注湿蒸汽,由于井筒散热和蒸汽压力变化,都可能出现过热蒸汽

变为湿蒸汽、湿蒸汽变为过冷水的相态变化现象。蒸汽处于不同的相态,其状态控制变量不同,摩阻系数、当地密度和管内对流换热系数计算模型也不同,需要切换模型和计算变量。

　　式 (5-1-2)、式(5-1-3)和式(5-1-7)表明蒸汽干度和温度不是微分方程的直接求解变量,但相律表明,无论是过热蒸汽、过冷水还是饱和蒸汽,表示蒸汽热力参数的未知量只有两个。例如,过冷水和过热蒸汽状态可以选取 p 和 T 或者选取 p 和 h,湿饱和蒸汽可以选取 p 和 x 或者选取 p 和 h。由此可以看出,无论蒸汽处于什么样的状态,都可以选压力 p 和比焓 h 作为独立变量进行求解,温度和干度利用相态特性和热力学关系确定,这样就把注蒸汽井筒热力计算的求解方法统一起来。

　　湿蒸汽状态下,压力 p 和比焓 h 已知,干度和温度计算如下:

$$\begin{cases} x = (h-h_1)/(h_v-h_1) \\ T = T_s(p) \end{cases} \tag{5-1-8}$$

其中

$$h_1 = f(p), \quad h_v = g(p)$$

　　蒸汽的相态可以利用式(5-1-8)计算的干度进行判断:若 $x<0$,表示蒸汽处于全部凝结状态,此时视为 $x=0$;若 $x>1$,表示蒸汽处于过热状态,此时视为 $x=1$。

　　过冷水和过热蒸汽状态下,已知压力 p 和比焓 h,温度和干度计算如下:

$$\begin{cases} x = 0 \text{ 或 } x = 1 \\ h = f(p,T) \Rightarrow T = \varphi(p,h) \end{cases} \tag{5-1-9}$$

　　由式(5-1-8)可以看出,如果计算得到的蒸汽干度小于零,表示湿蒸汽已经完全凝结为水,大于 1 则表示蒸汽处于过热状态。蒸汽所处的相态判断可以自动完成,温度的计算也会自动切换,动量方程也由单相流切换为两相流方程或由两相流切换为单相流方程。

　　注过热蒸汽不同于注饱和蒸汽,在井深较大的情况下可能出现水的 3 种流动状态,即单相的过热蒸汽变为汽、液两相饱和蒸汽流,再凝结成单相液体流动,及时地在程序中体现这一过程中压力降和干度变化是很麻烦的。涉及的蒸汽物性采用国际水与水蒸气协会提供的水与水蒸气表骨架公式计算,较好地解决了水与水蒸气热力性质的计算问题。

5.2　过热蒸汽改善储层特征

　　过热蒸汽 SAGD 开采过程中,高温蒸汽将导致储层岩石的矿物组分发生变化,引起储层岩石的孔隙度、渗透率发生改变,最终影响稠油采收率。通过相关的驱替实验发现,随着注过热蒸汽温度的升高,岩石的渗透率增大,孔隙度增加。随着注过热蒸汽速度的增加,岩石的渗透率增大,孔隙度增加。驱替温度对岩石渗透率的改变比驱替速度显著。驱替后岩石的导热系数减小,这是由驱替后岩石的孔隙度增加所致。岩石的导热系数随着驱替温度的增加逐渐降低。

5.2.1　过热蒸汽对储层矿物成分的影响

　　油田开采过程中,高温高压的过热蒸汽直接注入储层,会与储层里的岩石发生一系列的反应,这将改变储层岩石的矿物组成和黏土组成,进而影响储层孔隙度、渗透率的变化。

当水蒸气处于过热状态时,过热蒸汽与储层岩石中的黏土矿物接触,其高温、过热的特点不仅可以将黏土表面的吸附水吸收,还可以将矿物晶层内部的水分子蒸发出来,破坏晶层表面形成的扩散双电子层,导致晶层表面的电量无法平衡,容易引发晶格的重新排列。蒙脱石晶间距不断收缩,黏土矿物进而发生转化。

在过热条件下,蒙脱石会脱水转化。首先形成伊蒙混层矿物,在高岭石和石英存在的情况下,进一步转化为伊利石。高岭石的稳定性主要和所处环境的温度、压力以及介质环境有关。在过热蒸汽条件下,钾长石的晶体提供 K^+,高岭石、钾长石和石英转化为伊利石和绿泥石。蒙脱石是一种具有较强膨胀性的黏土,其质地松软,非常容易随着流体的流动而迁移,在石油开采过程中常伴有轻微的出砂特性,容易堵塞储层孔隙,降低储层的渗透率,对稠油开采不利。过热蒸汽可以促使蒙脱石转化为伊利石,而伊利石的性质较为稳定。在 250~400 ℃的过热蒸汽条件下,储层中的蒙脱石、石英、钾长石及高岭石发生反应,生成伊利石和绿泥石。蒙脱石转化为非膨胀性的伊利石,改善储层岩石的渗透性,对油藏开采有利。

5.2.2 过热蒸汽对储层孔渗的影响

通过单管驱替实验研究不同注汽温度对储层岩石渗透率、孔隙度的影响规律。整套驱替装置主要分为五大部分:注入系统、蒸汽发生系统、单管岩芯装置、采集装置和控制系统,其装置组成结构如图 5-2-1 所示。

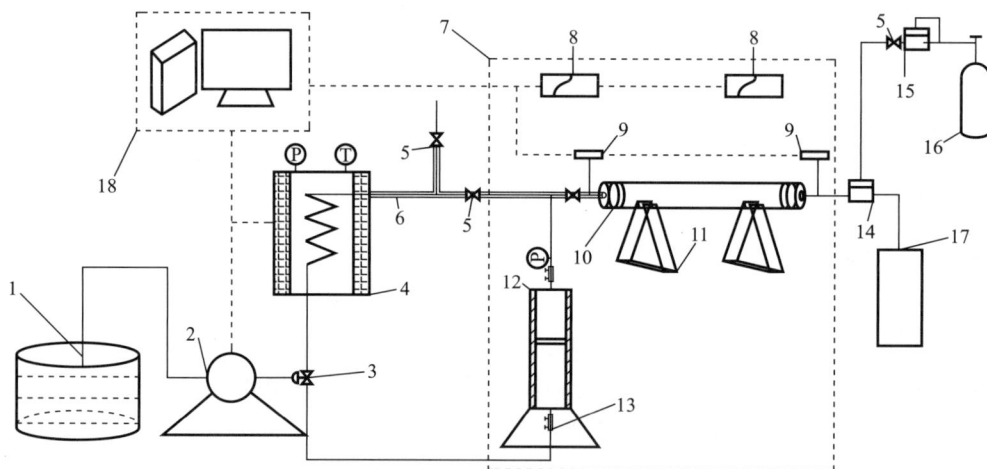

图 5-2-1 单管驱替实验装置组成结构图

1—水池;2—平流泵;3—三通阀门;4—蒸汽发生器;5—阀门;6—管道伴热装置;7—恒温箱;
8—恒温箱内温控装置;9—压力传感器;10—单管;11—支架;12—柱塞容器;13—柱塞容器阀门;
14—背压装置;15—调压装置;16—氮气瓶;17—采集装置;18—数据采集系统

随着注过热蒸汽温度的增加,注蒸汽时间先减少,之后基本相同。这是由于所注入的过热蒸汽温度越高,其携带的热量越多,能迅速加热岩芯柱中的稠油,使其黏度降低,流动性增加,并使之在蒸汽的驱动下驱替出来,但当温度达到一定值时,温度的影响达到最大,随着注过热蒸汽温度的增加,驱替时间基本不变。

图 5-2-2 岩芯柱左侧是过热蒸汽进口,右侧是过热蒸汽出口。从图中可以看出,进口端驱油效果明显,颜色基本恢复岩石的颜色,右侧能明显看出残留的油。这是由于蒸汽首先进入进口端加热端口稠油,蒸汽继续往前流动,温度降低,并在后半段形成了优势通道,蒸汽直接从通道内流出,不能很好地加热后半段稠油,使得出口端驱油效果不好。

图 5-2-2　过热蒸汽驱替后的岩芯柱

检测反应前后的孔喉(孔喉是指岩体或者土体中孔隙之间比较狭窄的连接通道,其大小往往对渗透率有很大影响)分布频率以及孔隙分布对渗透率贡献值的分布,如图 5-2-3、图 5-2-4 所示。从图 5-2-3 中可以看出,约有 40% 的孔喉分布落在孔分区间 10 μm 上。从图 5-2-4 可以看出,经过过热蒸汽驱替后,约有 30% 的孔喉分布落在孔分区间 10 μm 上。经过过热蒸汽驱替后,孔分区间在 16 μm 的孔喉分布从反应前的 20% 上升到 22%。孔分区间在 16 μm 的孔喉对渗透率的贡献值较大,这个区间段的孔喉孔分区间上升是导致渗透率上升的原因之一。

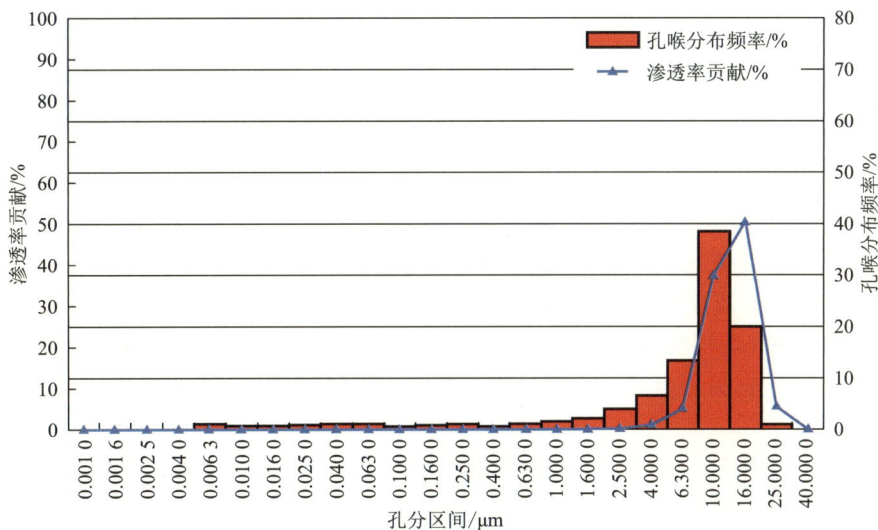

图 5-2-3　实验前孔隙分布图

在过热蒸汽条件下,蒙脱石反应生成伊利石。在蒸汽驱替过程中,岩石的孔喉部位减少了蒙脱石的聚集,使得孔喉直径增大,进而使储层的渗透率增加。

由于注过热蒸汽时岩石内部的黏土成分发生变化,主要是蒙脱石转化为伊利石,伊利石相对稳定,亲水性弱,随着注过热蒸汽温度的增加,岩石渗透率逐渐增大。随着温度的升高,蒙脱石的转化量趋于平缓,当注蒸汽温度超过一定范围时,岩石渗透率的增大趋势变缓。

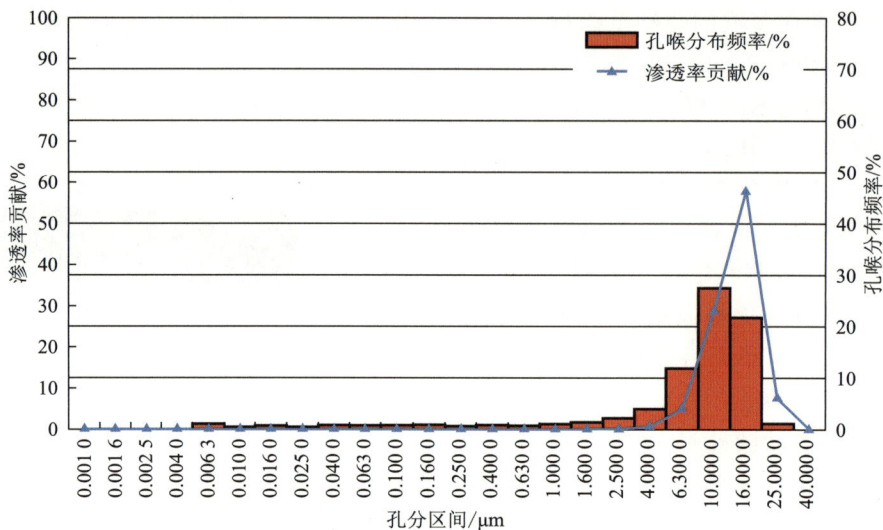

图 5-2-4　实验后孔隙分布图

随着注过热蒸汽温度的增加，岩石孔隙度增加。过热蒸汽对黏土矿物微晶体的破坏作用使高岭石和粒径小的黏土矿物容易被流体携带走，从而改变原始的孔隙结构，增大孔隙通道。过热蒸汽的这一作用减小了流体在储层中的渗流阻力，提高了油藏储层的渗流能力。

速敏性是指由于流体流动速度变化引起储层岩石中微粒运移、堵塞喉道，导致岩石渗透率或有效渗透率下降的现象。储层岩石敏感性变化由速敏性变化指标来评价，其公式为：

$$D_k = (K_{max} - K_{min})/K_{max} \qquad (5\text{-}2\text{-}1)$$

式中　D_k——由流速变化引起的渗透率损害率；

K_{max}——临界流速前储层岩石的最大渗透率，mD；

K_{min}——临界流速前储层岩石的最小渗透率，mD。

所谓临界流速，是指注入流体的流速增大到某一值时，引起地层中的黏土或微细颗粒从一个喉道经孔隙到另一喉道，直到在孔隙收缩部位沉积下来堵塞通道而使地层渗透率明显下降。

储层岩石的速敏性评价指标见表 5-2-1。

表 5-2-1　岩石速敏性评价指标

损害程度	渗透率损害率
无	≤0.05
弱	0.06～0.30
中等偏弱	0.31～0.50
中等偏强	0.51～0.70
强	＞0.70

注过热蒸汽驱替后,测量出岩石的渗透率损害率逐渐降低,并趋于稳定。这是由于储层岩石的矿物组分发生了改变,蓬松亲水性好的蒙脱石在高温过热蒸汽条件下生成了较为稳定的伊利石和绿泥石,使得储层得到改善,因此其水敏性伤害降低。

5.2.3 过热蒸汽对储层导热系数的影响

影响储层岩石导热系数的因素有很多,主要为储层岩石的温度、储层岩石的含水率、储层岩石的孔隙度以及岩石自身的矿物成分等。不同岩石矿物成分的导热系数不同,其大小受温度的影响。岩石中有孔隙,则其内部的热量传递不仅有导热还有对流,因此岩石的孔隙度对岩石的导热系数有影响。含水率是岩石孔隙中水的含量,当孔隙中含有水后,水的导热系数与矿物质元素的不同,因此影响储层岩石的导热系数。

导热系数大多采用瞬态热线法测定,属于非稳态径向热流类型。瞬态热线法是利用测量热线的电阻来测量物质导热系数的,目前大多数热线法的研究是基于 J.J.Healy 提出的理论,其理想模型为:在无限大的各向同性、均匀流体中植入半径无限小、长度无限长、内部温度均衡的热线源,初始状态下二者处于热平衡状态,突然给热线源施加恒定的热流并加热一段时间,热线源及其周围的流体会产生温升,再根据傅里叶导热定律即可得到流体的导热系数。

热线法测导热系数的原理:将一根细长的金属丝埋在试样内部,被测试样的温度分布均匀。给金属丝的两端加上电压,金属丝的温度开始上升(金属丝温度的上升和被测物体的导热系数有关)。如果被测物体的导热系数小,则金属丝上的热量向四周传递得慢,金属丝的温度就高。如果被测物体的导热系数较大,则金属丝上的热量向四周传递的速度较快,金属丝的温度就低。

由于加热的是一根金属细线,整个温度场是轴对称的,建立如下数学模型:

$$\rho c \frac{\partial T(r,t)}{\partial t} = \lambda \left[\frac{\partial T^2(r,t)}{\partial t^2} + \frac{1}{r} \frac{\partial T(r,t)}{\partial t} \right] \tag{5-2-2}$$

式中 ρ ——岩石的密度,kg/m³;

c ——岩石的比热容,J/(kg·K)。

设备的加热量恒定为 q(J/m),由于金属丝很细,可忽略其半径,则初始时刻试样的温度分布可通过对公式(5-2-2)进行积分求得:

$$T(r,t) = \frac{q}{4\pi\lambda t} \int_0^t \exp\left(-\frac{r^2}{4at}\right) dt \tag{5-2-3}$$

对上式两端进行求导可得:

$$\frac{\partial T(r,t)}{\partial \ln t} = \frac{q}{4\pi\lambda} \exp\left(-\frac{r^2}{4at}\right) \tag{5-2-4}$$

则金属丝的温度随时间的变化规律,即半径为 0 处的温度随时间的变化规律为:

$$\frac{\partial T(r,t)}{\partial \ln t} = \frac{q}{4\pi\lambda} \tag{5-2-5}$$

令 $A = \frac{\theta_1 - \theta_2}{\ln(t_2/t_1)}$,$\theta_1$ 为 t_1 时刻温度,θ_2 为 t_2 时刻温度,金属丝长度为 L,加热功率

为 P,则上式可化简为:

$$\lambda = \frac{P}{4\pi L} \frac{1}{A} \qquad (5\text{-}2\text{-}6)$$

5.2.3.1 固结砂岩的导热系数

1) 干燥固结砂岩的导热系数

经大量实验和多元回归分析计算,可得到如下关系式:

$$\lambda_d = 0.588\rho_d - 5.536\phi + 0.917K^{0.10} + 0.022\ 5F - 0.053\ 6 \qquad (5\text{-}2\text{-}7)$$

式中 λ_d——导热系数,W/(m·℃);

      ρ_d——干燥固结砂岩密度,g/cm³;

      ϕ——岩石孔隙度,%;

      K——岩石渗透率,$10^{-3}\ \mu m^2$;

      F——地层电阻率系数。

F 可用阿尔奇方程计算:

$$F = \phi^{-m} \qquad (5\text{-}2\text{-}8)$$

式中 m——胶结系数,一般为 1.3~1.9,固结砂岩为 1.8~1.9。

2) 饱和液体砂岩的导热系数

经过多种实验,可得以下无因次组合参量:

$$\frac{\lambda_l}{\lambda_d}, \quad \frac{\lambda_f}{\lambda_a}, \quad \frac{\phi}{1-\phi}, \quad \frac{\lambda_f}{\lambda_d}, \quad \frac{\rho_l}{\rho_d}, \quad m$$

式中 λ_l——饱和液体砂岩的导热系数,W/(m·℃);

      λ_d——干燥固结砂岩的导热系数,W/(m·℃);

      λ_f——液体的导热系数,W/(m·℃);

      λ_a——空气的导热系数,W/(m·℃);

      ρ_l——饱和液体砂岩的密度,g/cm³;

      ρ_d——干燥固结砂岩密度,g/cm³;

      m——胶结系数。

对以上参量进行多元回归计算,得到以下方程:

$$\frac{\lambda_l}{\lambda_d} = 1.00 + 0.30\left(\frac{\lambda_f}{\lambda_a} - 1.00\right)^{0.33} + 4.57\left(\frac{\phi}{1-\phi}\frac{\lambda_f}{\lambda_d}\right)^{0.48m}\left(\frac{\rho_l}{\rho_d}\right)^{-4.30} \qquad (5\text{-}2\text{-}9)$$

由于液体的导热系数比空气的大,因此 $\lambda_l > \lambda_d$,而且饱和液体砂岩还与饱和液体的导热系数有关。油、水、空气的导热系数可取以下参考值:

$$\lambda_o = 0.117\ W/(m·℃)$$
$$\lambda_w = 0.675\ W/(m·℃)$$
$$\lambda_a = 0.039\ 4 \sim 0.060\ 6\ W/(m·℃)$$

图 5-2-5 反映了温度和饱和流体对贝雷砂岩导热系数的影响。

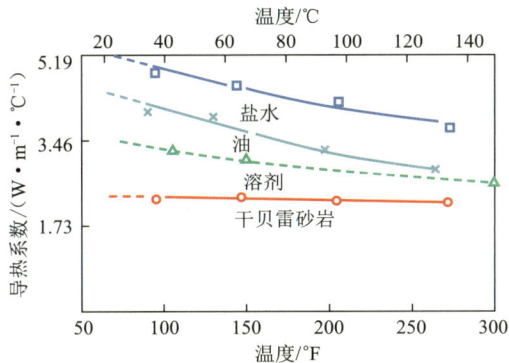

图 5-2-5　温度和饱和流体对贝雷砂岩导热系数的影响

3）温度对固结砂岩导热系数的影响

一般情况下，当温度升高时，不同种类的固结砂岩导热系数下降，如图 5-2-6 所示。

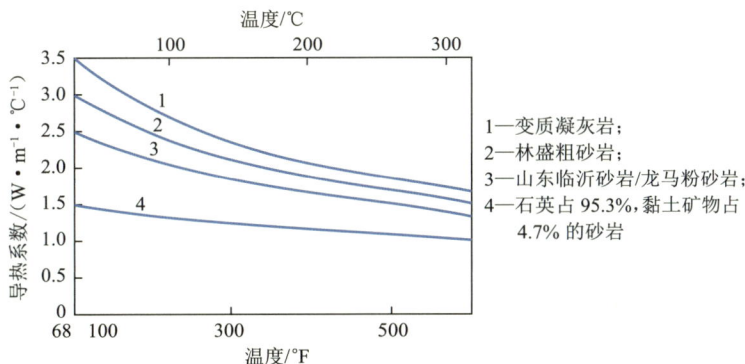

1—变质凝灰岩；
2—林盛粗砂岩；
3—山东临沂砂岩/龙马粉砂岩；
4—石英占 95.3%，黏土矿物占 4.7% 的砂岩

图 5-2-6　温度对不同固结砂岩导热系数的影响

温度与固体砂岩导热系数关系经多元回归，可得如下公式：

$$\lambda_T = \lambda_{20} - 0.74 \times 10^{-3}(T-20)(\lambda_{20}-1.39) \times$$
$$\{\lambda_{20}[1.8(T+273)\times10^{-3}]^{0.318\lambda_{20}} + 1.28\} \quad (5\text{-}2\text{-}10)$$

式中　λ_T——温度为 T 时固结砂岩的导热系数，W/(m·℃)；

λ_{20}——温度为 20 ℃时固结砂岩的导热系数，W/(m·℃)；

T——温度，℃。

值得注意的是，对绝热材料来说，其导热系数随着温度的上升而增加（表 5-2-2）。

表 5-2-2　几种绝热材料的导热系数

材　料	导热系数/(W·m⁻¹·℃⁻¹)
超细玻璃棉	$0.330+0.000\,23t$
水泥蛭石	$0.103+0.000\,198t$
水泥珍珠岩	$0.065+0.000\,105t$

5.2.3.2 松散砂石的导热系数

对于松散砂石,由于颗粒接触面小,所以其导热系数较小。其影响因素与固结砂岩类似,包括固相成分、饱和流体、温度等影响因素。

1) 固相导热系数

表 5-2-3 列出了几种砂岩组成矿物的导热系数。

表 5-2-3 砂岩组成矿物的导热系数

矿 物	导热系数/$(W \cdot m^{-1} \cdot ℃^{-1})$
石 英	7.70
正长石	2.32
斜长石	2.15
方解石	3.60
白云母	2.21
绿泥石	4.91

2) 饱和部分地层水的岩石导热系数

$$\lambda_{sw} = 1.272 - 2.25\phi + 0.39\lambda_s S_w^{0.5} \tag{5-2-11}$$

式中　　λ_{sw}——含水松散砂岩的导热系数,$W/(m \cdot ℃)$;

ϕ——岩石孔隙度,%;

S_w——含地层水饱和度,%;

λ_s——固相导热系数,$W/(m \cdot ℃)$。

上述方程适用于求取孔隙度在 28%～37% 范围内的石英含量较高的饱和部分地层水的岩石导热系数。

3) 温度对导热系数的影响

任意温度下,松散砂岩导热系数可用下式计算:

$$\lambda_T = \lambda_{52} - 2.30 \times 10^{-3} (T - 52)(\lambda_{52} - 1.42) \tag{5-2-12}$$

式中　　λ_T——温度为 T 时岩石的导热系数,$W/(m \cdot ℃)$;

λ_{52}——温度为 52 ℃时岩石的导热系数,$W/(m \cdot ℃)$;

T——温度,℃。

5.3　过热蒸汽与稠油热化学反应特征

5.3.1　稠油水热裂解

"水热裂解"专门用来描述高温高压下水相或水汽两相与稠油或有机物中某些活性组分

之间的化学反应。它实际上包括一系列反应,如酸聚合反应、水汽转换反应和加氢脱硫反应等。

Hyne,Clark 和 Moore 等人采用加拿大和委内瑞拉的不同稠油进行了深入研究,结果表明:

(1) 稠油水热裂解反应的特性在很大程度上取决于其特殊的分子组成,稠油中的有机硫化物是与高温水反应的关键物质,而 C—S 键断裂是水热裂解反应的关键步骤。

(2) 稠油水热裂解反应中产生了 CO_2,H_2S,CO 和 H_2 等气体产物,其中 CO_2 和 H_2 的产量较高,产生气体可能取决于各类有机硫化物的相对数量。水汽转换反应是稠油水热裂解的一个重要反应。

(3) 水热裂解反应最重要的特性是氢由水相向油相转移,使稠油重组分中含硫有机化合物发生加氢脱硫反应,从而使稠油得到裂解改质。

(4) 稠油经水热裂解反应后,黏度和平均相对分子质量均下降。

Hyne 等人指出,存在于稠油,尤其是重质组分中的有机硫成分,是水热裂解反应中的关键物质。总的化学反应式可用下式简单说明:

$$RCH_2CH_2SCH_3 + 2H_2O \longrightarrow RCH_3 + CO_2 + H_2 + H_2S + CH_4$$

显然,稠油中有机硫化合物的裂解不是一步完成的,而是经过一系列的反应步骤。

(1) 与水反应。

稠油与水的反应是指稠油中易于发生裂解的有机硫化物组分和高温水之间的初始反应,主要是以 C—S 键断裂或水解的形式发生,可能放出或不放出 H_2S。这一水热裂解发生的反应可能受金属催化剂的活化作用,可能通过金属离子和稠油组分的活性中心相结合而使这部分化学键受水的冲击。这一步反应的重要特征在于通过键断裂降低相对分子质量或改变分子形态,而这也明显影响了黏度,从而克服了聚合反应对黏度的影响。

(2) 与酸聚合。

稠油水热裂解反应中大量 CO_2 的生成可能提高酸聚合反应,因为 CO_2 可为反应提供酸性反应环境。因此,水热裂解开采稠油的关键技术之一就是促进裂解而使黏度降低的水热裂解反应、抑制引起黏度升高的酸聚合反应。

(3) 水汽转换反应(WGSR)。

水热裂解反应能够产生 CO 和 H_2,表明 160~300 ℃ 范围内确实存在水汽转换反应,因为在此温度下稠油中的 C—H,S—H 和 O—H 键的离解能较高,H 主要来源于水。添加某些金属作为催化剂,或者油层矿物成分和稠油中含有的适用催化组分均可加速低温下的水汽转换反应。

(4) 多孔介质放出 CO_2。

多孔介质放出 CO_2 的反应是由稠油组分和油层矿物成分共同决定的,产生的大量 CO_2 可以提供油层附加驱动压力,但是也趋向于形成酸性体系而促进酸聚合反应。从矿物碳酸盐中产生的大量 CO_2 可以通过推进反应的平衡向 CO 和 H_2O 的方向移动、降低氢的产量,从而限制 WGSR。当然,CO_2 的溶解降黏作用也是水热裂解开采稠油的重要增产机理之一,因此 CO_2 在稠油水热裂解反应中具有正负两个方面的作用。

（5）加氢脱硫作用。

WGSR 及其他反应产生的氢与稠油进一步反应，实现加氢改质稠油。这正是矿物和稠油中键合或添加的金属催化剂的一个关键作用。这种在油层条件和水介质中的低温加氢脱硫作用与传统催化加氢裂解的机理相似。加氢脱硫反应能够使原油加氢、脱硫（生成 H_2S，稠油中有机硫成分的水热裂解是 H_2S 的主要来源），从而降低稠油黏度。

（6）高温水的催化作用。

在水热裂解反应中，高温水可能作为催化剂、反应物和溶剂参加反应。在温度升高时，水的化学物理性质变化能够促进某些化学反应，这些变化使高温水的溶剂性质（密度、介电常数）与常温下的极性有机溶剂相似。因此，在环境适宜的介质中高温水能够促进有机化合物参与的反应。在高于 200 ℃时，水的分裂常数增加 3 级，使水可作为酸、碱或酸-碱双重催化剂。同时有水参与的自身催化作用可能对稠油水热裂解反应中生成的 CO_2 有一定的贡献，其机理还需要通过深入的研究来证实。但是，可以初步判断高温水对稠油水热裂解反应具有某种催化作用。

（7）油层矿物的催化作用。

由于晶格的取代作用，油层矿物表面大多数带负电荷，它们可吸附催化剂金属阳离子，使油层矿物具有常规催化剂载体的作用。在水蒸气的作用下，油层矿物具有一定的酸性，这对水热裂解反应中的聚合反应有催化作用，这是不利的。

（8）H_2S 的生成及其作用。

稠油中有机硫成分水热裂解是 H_2S 的主要来源。Hyne 和 Clark 等人采用某些金属盐作为阿萨巴斯卡稠油水热裂解反应催化剂，明显降低了 H_2S 的产量，这可能是因为金属与 H_2S 反应生成金属硫化物。然而，这些金属硫化物将发生水解，再次放出 H_2S，而且金属硫化物本身也是一种很好的催化剂。

（9）脱烷基侧链作用。

在稠油水热裂解反应中，芳香分子，尤其是胶质和沥青质芳香结构或者其长烷基链中的烷基侧链发生断裂，一方面烷基和环烷基芳香分子可能缩合或聚合而使稠油芳香度增大，芳香聚集体的尺寸也变大，同时由于它们之间的空体积减少而使其变得更加致密。另一方面，水热裂解产生的氢可能向芳香分子和烷基侧链转移，抑制其缩合或聚合作用，产生可以导致稠油改质的脱烷基侧链作用，此时添加供氢类物质是重要的。

稠油水热裂解中最重要的反应步骤是稠油中有机硫化物的硫键的裂解，这可能是油层矿物中的某些金属离子、稠油重质组分中的键合金属及添加金属的催化作用所致。显然，水热裂解反应中通过水汽转换等反应生成的氢也促进了有机硫化物的加氢脱硫反应。而稠油的脱羰和脱羧作用可降低稠油中 O 的含量。S 和 O 的脱除使胶质和沥青质含量降低，稠油相对分子质量和极性减小，分子聚集作用减弱，从而降低稠油黏度。

稠油中重质组分发生的脱烷基侧链作用会因某些催化剂物质及供氢物质的存在而得到加强，进而裂解并改质稠油。在有些情况下，聚合反应的竞争使黏度不仅不减小反而增大，这取决于温度、反应时间、稠油组成和反应环境等条件，可以通过添加碱性物质以控制反应体系的碱性来促进裂解反应。

水热裂解中生成的硫醇会脱去 H_2S,或二次水解释放出 H_2S。由噻吩类生成的醇会变为醛,而醛又很容易分解产生 CO,CO 在水中会进行水汽转换反应。后一个反应可被油层矿物、稠油中的键合金属或添加的金属所催化,这样便可在热采油藏的温度下产生 H_2。H_2 可以进行加氢脱硫,还可以将稠油中的其他不稳定基团加氢生成烃类。

因此在注蒸汽等热力开采条件下,水热裂解反应可使稠油裂解或得到部分改质,表现为采出稠油中硫等杂原子和重质组分含量降低,黏度降低。

5.3.2　过热蒸汽与稠油水热裂解反应特征

过热蒸汽与湿蒸汽相比,物理性质不同,具有更大的比热容,因此能够携带更多热量进入油层。相比于湿蒸汽,过热蒸汽热采具有更好的蒸汽品质和热采温度,与稠油发生化学反应后,稠油的黏度、组分、气相产物、元素组成都与湿蒸汽热采不同。

5.3.2.1　蒸汽温度对反应的影响

1)反应温度对油样黏度的影响

反应前后油样黏度和 95 ℃时的油样黏度、降黏率如图 5-3-1 和图 5-3-2 所示。

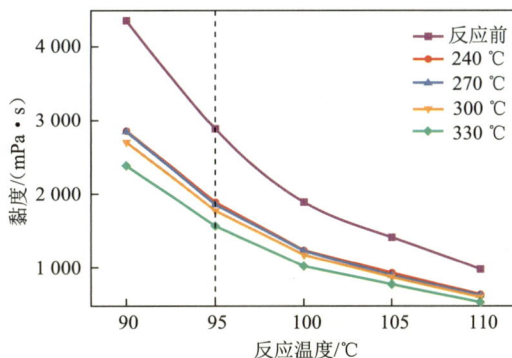

图 5-3-1　反应前后油样黏度与反应温度关系曲线

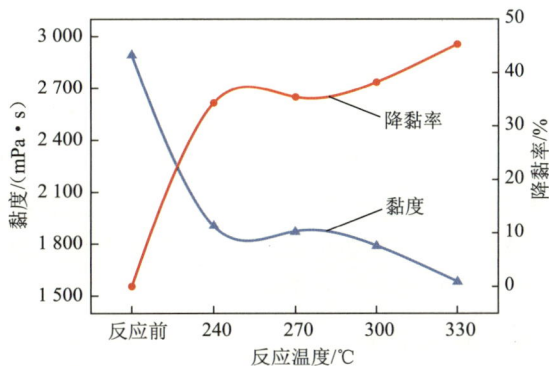

图 5-3-2　95 ℃油样黏度、降黏率与反应温度关系曲线

稠油与蒸汽反应后黏度较反应前下降幅度大,且随温度升高黏度进一步下降。当温度达到 240 ℃时,达到了水热裂解反应温度,继续升高温度对反应影响不大,此时随温度升高,黏度变化也不大;由于随温度升高,热裂解作用增强,所以当温度超过 300 ℃后,继续升高温度,黏度下降幅度增大。240 ℃过热蒸汽条件下,水热裂解反应降黏率可达到 34.3%,当温度达到 330 ℃时,降黏率可达到 40% 以上。

2)反应温度对组分的影响

在 240 ℃,270 ℃,300 ℃,330 ℃温度下反应 72 h,组分变化情况如图 5-3-3 所示。

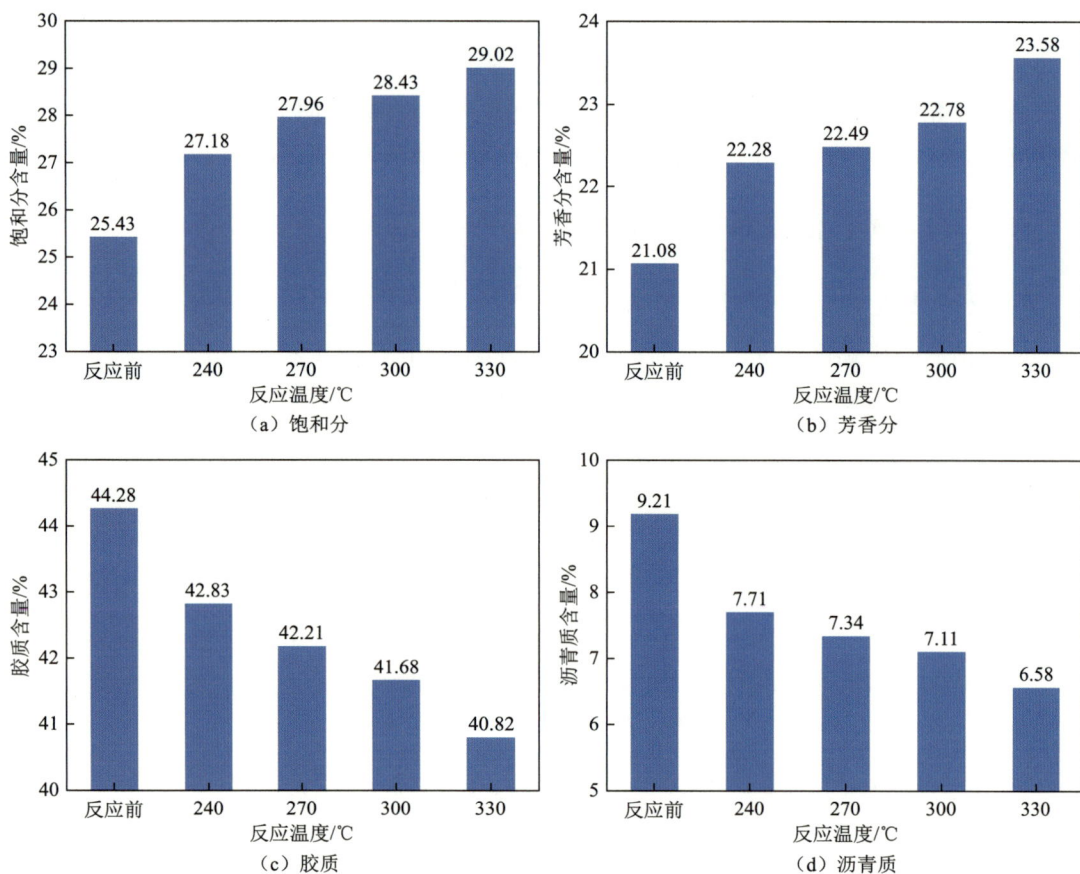

图 5-3-3 四组分含量随温度变化

反应后四组分比例发生变化,使得稠油黏度降低;随温度升高,饱和分、芳香分含量增加,胶质、沥青质含量减少;330 ℃下反应 72 h,胶质、沥青质含量减小的比例分别为 7.8% 和 28.6%,说明稠油黏度变化主要受胶质、沥青质影响,尤其是沥青质;沥青质变化幅度最大阶段为 240 ℃以前,而 240~270 ℃变化幅度小,说明沥青质对温度敏感性高,330 ℃条件下热裂解作用使得胶质和沥青质进一步分解。

3)反应温度对气相产物的影响

在 240 ℃,270 ℃,300 ℃,330 ℃温度下反应 72 h,生成的气体变化情况见表 5-3-1。

表 5-3-1　反应温度对气相产物含量的影响

名　称	不同温度下气体生成量/(mL·g⁻¹)			
	240 ℃	270 ℃	300 ℃	330 ℃
H_2S	0.042	0.058	0.092	0.145
H_2	0.033	0.052	0.065	0.054
CO_2	0.913	1.121	1.796	2.003
CO	0.021	0.014	0.012	0.000
CH_4	2.341	3.156	3.492	4.785
C_2H_4	0.534	0.654	0.525	0.714
C_2H_6	0.912	1.165	1.171	1.652
C_3H_8	0.056	0.000	0.102	0.000
n-C_4H_8	0.815	0.578	0.546	0.601
n-C_4H_{10}	0.548	0.613	0.604	0.524
i-C_4H_{10}	1.158	1.052	0.843	0.948
n-C_5H_{12}	0.004	0.000	0.000	0.001
$C_6{}^+$	1.124	1.058	0.915	0.684

　　稠油水热裂解反应产物主要包括 H_2S,CO_2,CO,H_2,CH_4 和 C_2~C_6 的烃类气体。不同温度下,反应中 C—S 键、C—C 键发生断裂,大分子物质裂解,转化为小分子量物质,这也导致稠油黏度发生不可逆的变化。气相产物中含量较高的有 CH_4,CO_2 及部分烯烃和烷烃,同时 $C_6{}^+$ 物质含量随温度升高而降低。H_2 由水汽转换反应生成,它进一步与稠油发生加氢脱硫反应,消耗了部分 H_2 含量,所以 H_2 含量远小于 CO_2 含量。CO_2 来源除水热裂解反应外还包括脱羧作用,碳酸盐也可以是一部分 CO_2 的来源,碳酸盐和溶液中的氢离子相遇生成 CO_2,WGSR 逆向反应可能会消耗非常小部分的 CO_2。同时温度越高,C—C 键越容易断裂,生成的 CO_2 和 CH_4 含量增加较快,乙烷含量也稍有增加,但甲烷含量远大于乙烷。CO 的含量较少,且没有明显的变化规律,这是因为大部分 CO 经 WGSR 反应转化为 CO_2。

　　4）反应温度对油样元素的影响

　　不同温度(240 ℃,270 ℃,300 ℃,330 ℃)下反应产物主要元素的变化情况如图 5-3-4 所示。

　　反应后稠油元素含量发生变化,具体为 C 和 S 元素含量随反应温度升高而减少,N 元素含量基本不变,H 元素含量随反应温度升高而增加。由于稠油发生加氢脱硫反应,C—S 键、C—C 键断裂,生成小分子烃类物质、CO_2 及 H_2S 气体,因此 C 和 S 元素含量减少,H 元素含量增加。

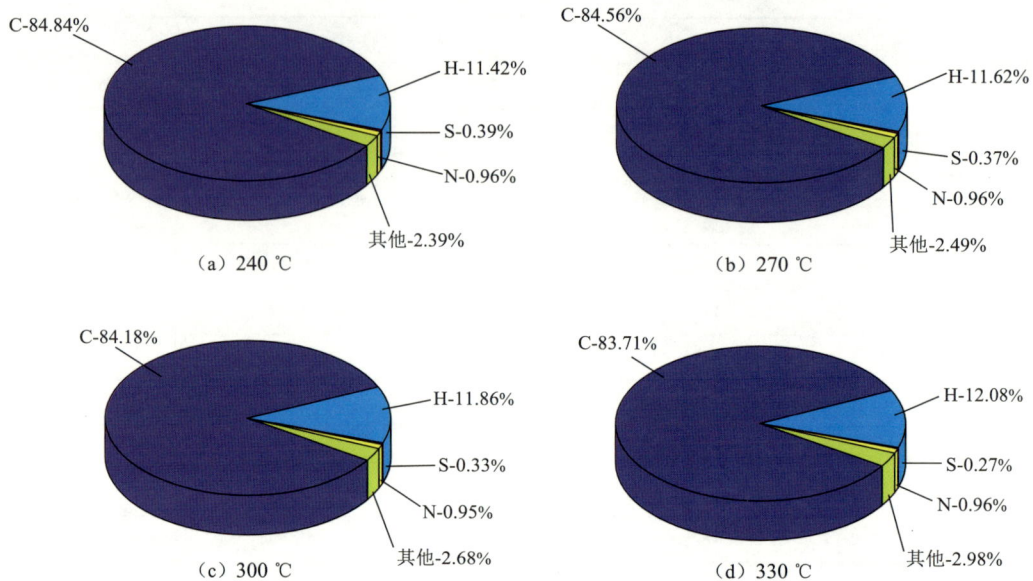

图 5-3-4　元素组成变化图

5.3.2.2　注汽热采时间对反应的影响

反应时间是影响稠油热化学反应的重要参数,记录不同反应时间(12 h,24 h,48 h,72 h,120 h)稠油的性质变化(包括黏度、四组分),反应压力为 6.62 MPa,对应饱和温度为 282 ℃,温度为 300 ℃时反应釜内蒸汽为过热蒸汽。

1) 反应时间对黏度的影响

测量反应前后的油样黏度,如图 5-3-5 所示。从图可以看出,当反应时间不变时,稠油黏度随温度升高逐渐减小,这是稠油热采的主要机理;当温度不变时,随反应时间增加,黏温曲线下移,反应 24 h 后,黏度下降速度减缓,反应超过 48 h 后,随时间增加,黏度基本保持稳定。

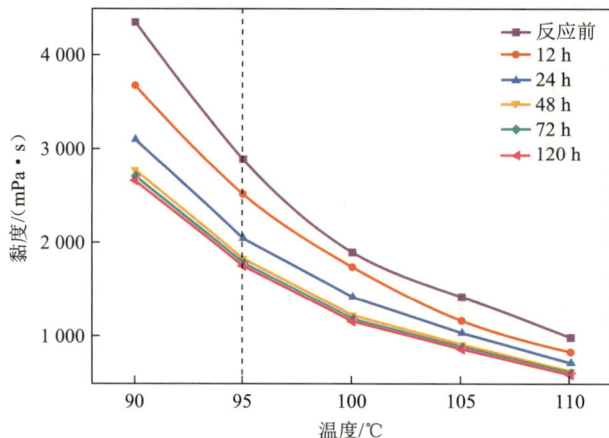

图 5-3-5　反应前后油样黏度与反应时间关系曲线

2）反应时间对油样组分的影响

反应前后油样组分的变化情况见表 5-3-2 和图 5-3-6。

表 5-3-2 反应时间对油样四组分的影响

名 称	反应前含量 /%	不同反应时间下四组分含量/%				
		12 h	24 h	48 h	72 h	120 h
饱和分	25.43	26.53	27.73	28.13	28.43	28.53
芳香分	21.08	21.58	22.18	22.58	22.78	22.88
胶 质	44.28	43.28	42.18	41.98	41.68	41.58
沥青质	9.21	8.61	7.91	7.31	7.11	7.01

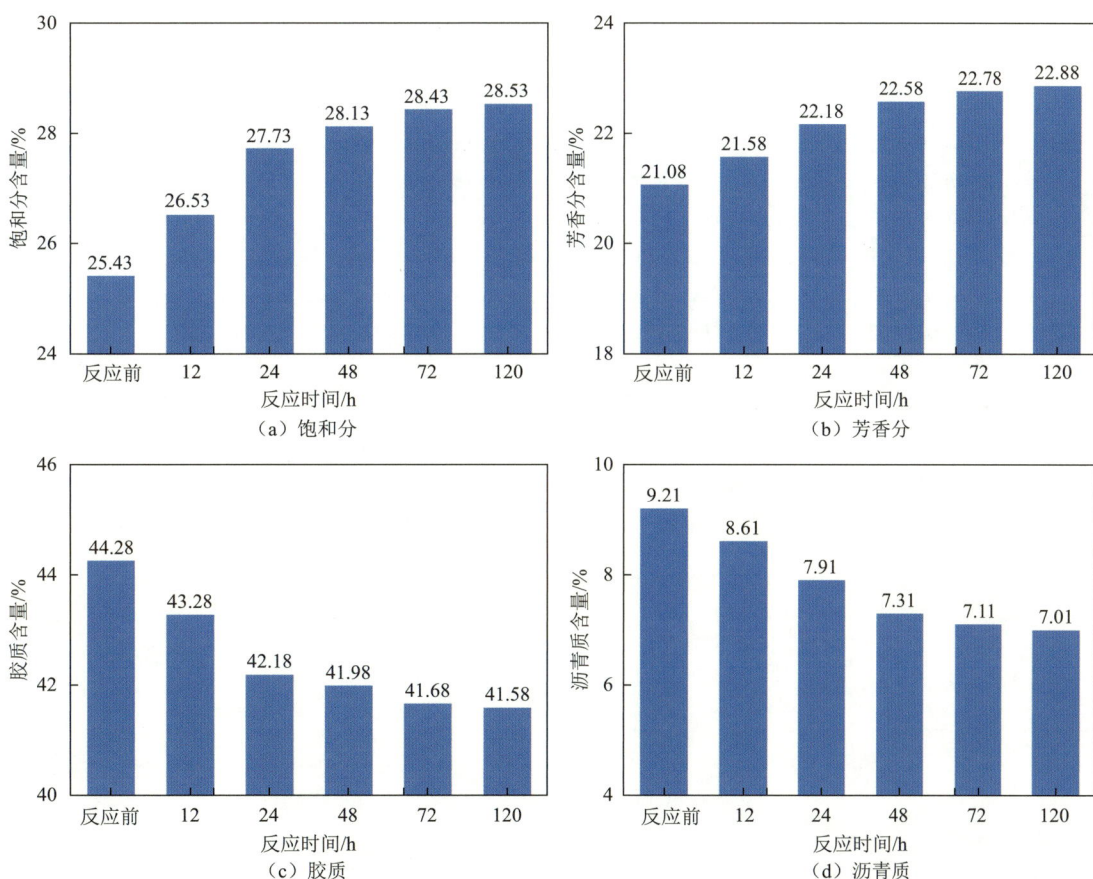

图 5-3-6 反应时间对油样四组分的影响

总的来说，四种组分中胶质含量最高，沥青质含量最少，反应后稠油四组分的比例发生变化；随时间延长，饱和分、芳香分含量增加，胶质、沥青质含量减少，这是由于 C—S 键较弱，容易断裂，而稠油中的 S 主要以桥链硫醚和镶嵌在稠环芳烃中的噻吩形式存在于胶质和沥青质中,在高温下,桥链硫醚 C—S 键易于断裂,导致胶质、沥青质含量降低,转化为饱和分和芳香分,因此轻组分含量增加,稠油黏度降低;胶质含量变化主要发生在前 24 h,72 h 后其含量基本不变,而沥青质在 24~48 h 范围含量仍有较大幅度下降,说明沥青质含量高会增加反应时间。

重质原油的加水量对水热裂解反应也具有很大影响,研究表明,在其他反应条件不变时,水的质量分数为 0~20% 时,随着水质量分数的增加,重质原油水热裂解反应加剧,当水的质量分数大于 20% 后,随着反应中水质量分数的增加,水热裂解反应变化不明显,重质原油水热裂解反应最适加水质量分数一般小于 40%。供氢剂和催化剂的加入也对重质原油的水热裂解反应有重要的促进作用,加入适当催化剂和供氢剂,可以显著提高水热裂解反应后的降黏率,反应后的降黏率可以达 70%~90%。另外,油水混合程度、反应压力也会对水热裂解反应造成一定影响。

参 考 文 献

[1] 孙佳.热采机理及注蒸汽要求[J].内江科技,2013(2):162-162.

[2] 万仁溥,罗英俊.采油技术手册第八分册[M].北京:石油工业出版社,2001.

[3] GUO B,DUAN S K,GHALAMBOR A. A simple model for predicting heat loss and temperature profiles in insulated pipelines[J]. SPE Production & Operations,2006,21(1):107-113.

[4] ANSARI A M,SYLVESTER N D,SARICA C,et al. A comprehensive mechanistic model for upward two-phase flow in wellbores[J]. SPE Production & Facilities,1994,9(2):143-151.

[5] HASAN A R,KABIR C S. Aspects of wellbore heat transfer during two-phase flow (includes associated papers 30226 and 30970)[J]. SPE Production & Facilities,1994,9(3):211-216.

[6] HASAN A R,KABIR C S. A simplified model for oil/water flow in vertical and deviated wellbores[J]. SPE Production & Facilities,2005,14(1):56-62.

[7] GOMEZ L E,SHOHAM O,SCHMIDT Z,et al. Unified mechanistic model for steady-state two-phase flow:Horizontal to vertical upward flow[J]. SPE Journal,2000,5(3):339-350.

[8] 刘永建,钟立国,蒋生健,等.水热裂解开采稠油技术研究的进展[J].燃料化学学报,2004(1):117-122.

第6章
超稠油过热蒸汽 SAGD 预热技术

通常将 SAGD 的开发周期分为预热、蒸汽腔上升、蒸汽腔扩展、蒸汽腔下降 4 个主要阶段。预热阶段预热效果的好坏是影响 SAGD 整体开发的关键,SAGD 开发初期如何快速形成有效热连通对后期生产阶段调控及最终采收率均有重要影响。

SAGD 启动预热阶段主要是通过注蒸汽加热油层,在注、采井之间形成热连通。通过启动阶段的预热,井筒附近油层温度逐渐升高,吸汽能力逐渐增强,原油能够缓慢流动,最终在井间形成热力连通。通常 SAGD 的预热方式包括蒸汽吞吐、压裂形成裂缝、蒸汽热循环,比较常用的方式是蒸汽热循环。蒸汽热循环是指高温蒸汽在不进入油层(或极少量进入油层)的情况下加热油层,蒸汽仅在水平井内循环一圈,两口水平井同时循环预热,热量靠热传导方式加热油层。

蒸汽热循环预热井筒包括水平段、斜井段和直井段三部分,井筒结构如图 6-1-1 所示,其中长油管下至水平段趾端 B 点,短油管下至水平段跟端 A 点,采用长油管注汽、短油管采液的循环方式,水平段采用筛管完井。由于与油层直接接触的是水平段,所以水平段流体参数沿程分布对循环预热有重要影响,本章在假定水平段 A 点注汽参数不变的条件下,建立针对 SAGD 循环预热水平段的流动传热模型,并提供循环预热过程流体沿程温度、压力、干度的求解方法以进行计算。

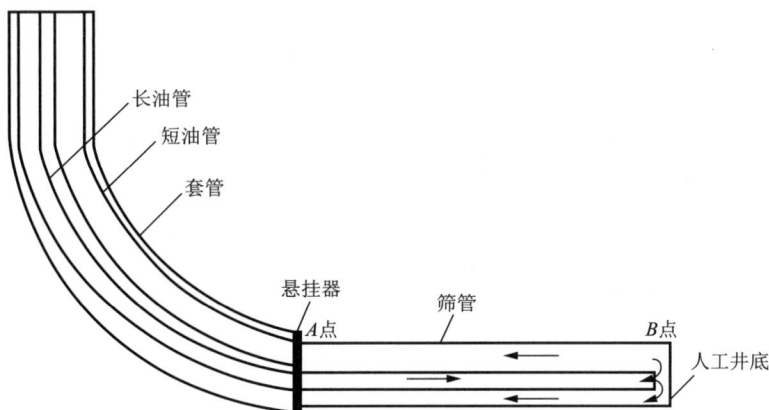

图 6-1-1 SAGD 循环预热井筒结构

6.1　水平段物理模型

为简化计算,将水平段看作由长油管和筛管组成的同心管结构。循环预热水平段井筒物理模型如图 6-1-2 所示,水平段采取筛管完井;蒸汽由长注汽管注入,至水平段末端 B 点进入长油管与筛管环空,沿环空返回环空 A 点,最后进入采油管。与竖直段相比,水平段与油层接触距离长、面积大。蒸汽在井筒中流动,由于存在摩擦及向油层散热,沿程蒸汽温度、压力、焓值、干度逐渐变化,后部甚至出现过冷水,因此压降模型有单相流模型和两相流模型两种。井筒中蒸汽沿长油管及环空循环流动,在径向上传热热阻主要是长油管内壁强迫对流传热热阻、长油管导热热阻、长油管外壁强迫对流传热热阻、筛管内壁强迫对流传热热阻、油层传热热阻。

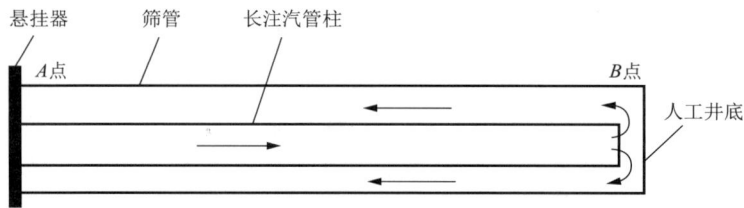

图 6-1-2　循环预热水平段井筒物理模型

为方便计算,做出如下假设:

(1) A 点入口处蒸汽压力、温度和干度保持恒定;

(2) 蒸汽沿井筒为一维稳态流动,同一截面流体的流速、压力、温度相等;

(3) 从长油管至筛管外缘为稳态传热,筛管外缘全油层为非稳态传热;

(4) 由于注汽压力较低,循环预热阶段注采比接近 1:1,不考虑蒸汽进入地层,循环预热过程仅靠热传导加热油层;

(5) 油层物性不变。

对于 SAGD 循环预热,蒸汽进入水平段后一般为湿蒸汽,这是因为过热蒸汽温度随压力变化关系不确定,过热蒸汽进入水平段会增加油管与环空流体温度差,极易造成加热不均匀现象。同时,蒸汽沿井筒流动过程中,由于与管壁的摩擦及传热,在返回环空后段可能转化为过冷水,所以蒸汽在水平段流动传热模型包括两相、单相流动的连续性方程、动量守恒方程、能量守恒方程及传热计算模型。

6.2　水平段流动数学模型

6.2.1　连续性方程

蒸汽在油管及环空内稳定流动时,不考虑蒸汽进入地层的损失可得:

长油管

$$\mathrm{d}i_\mathrm{s}/\mathrm{d}z = 0 \qquad\qquad (6\text{-}2\text{-}1)$$

环空

$$-\,\mathrm{d}i_\mathrm{s}/\mathrm{d}z = 0 \qquad\qquad (6\text{-}2\text{-}2)$$

式中　i_s——蒸汽质量流量，kg/s；

环空方程中负号表示规定水平段沿跟端至趾端为正方向。

6.2.2　动量守恒方程

蒸汽沿程流动的压力梯度主要包括重力压力梯度、摩擦压力梯度和流动的加速压力梯度，由井筒微元段动量守恒方程得：

长油管

$$\frac{\mathrm{d}p_\mathrm{t}}{\mathrm{d}z} = -\,\rho_\mathrm{t}g\sin\theta - f_\mathrm{t}\frac{\rho_\mathrm{t}v_\mathrm{t}^2}{2d_\mathrm{ti}} - \rho_\mathrm{t}v_\mathrm{t}\frac{\mathrm{d}v_\mathrm{t}}{\mathrm{d}z} \qquad\qquad (6\text{-}2\text{-}3)$$

环空

$$\frac{\mathrm{d}p_\mathrm{an}}{\mathrm{d}z} = -\,\rho_\mathrm{an}g\sin\theta + f_\mathrm{an}\frac{\rho_\mathrm{an}v_\mathrm{an}^2}{2L_\mathrm{o}} + \rho_\mathrm{an}v_\mathrm{an}\frac{\mathrm{d}v_\mathrm{an}}{\mathrm{d}z} \qquad\qquad (6\text{-}2\text{-}4)$$

式中　p_t，p_an——长油管和环空内流体压力，Pa；

ρ_t，ρ_an——长油管和环空内流体平均密度，根据井筒中流态的不同可能为过冷水单相流密度或两相流密度，kg/m³；

v_t，v_an——长油管和环空内流体平均流速，m/s；

f_t，f_an——长油管和环空沿程阻力系数；

L_o——环空特征尺度，m；

d_ti——长油管内径，m；

θ——管柱轴线与水平方向夹角，当 θ 取不同值时可求出倾斜管柱或竖直管柱的压降，水平段中 θ 取 0°。

6.2.3　能量守恒方程

根据热力学第一定律，单位时间内传给控制体的热能等于控制体的内能增加量减去摩擦力做的负功。稳定流动条件下，可得到能量守恒方程：

长油管

$$i_\mathrm{s}\frac{\mathrm{d}}{\mathrm{d}z}\left(h_\mathrm{t} + \frac{v_\mathrm{t}^2}{2} + gz\sin\theta\right) + \frac{\mathrm{d}Q_\mathrm{s}}{\mathrm{d}z} + \frac{\mathrm{d}W}{\mathrm{d}z} = 0 \qquad\qquad (6\text{-}2\text{-}5)$$

环空

$$-\,i_\mathrm{s}\frac{\mathrm{d}}{\mathrm{d}z}\left(h_\mathrm{an} + \frac{v_\mathrm{an}^2}{2} + gz\sin\theta\right) + \frac{\mathrm{d}Q_\mathrm{ml}}{\mathrm{d}z} - \frac{\mathrm{d}Q_\mathrm{s}}{\mathrm{d}z} + \frac{\mathrm{d}W}{\mathrm{d}z} = 0 \qquad\qquad (6\text{-}2\text{-}6)$$

式中　h_t，h_an——长油管和环空返流比焓，J/kg；

$\mathrm{d}Q_s$, $\mathrm{d}Q_{ml}$——单位时间内 $\mathrm{d}z$ 长度长油管内蒸汽与环空返流换热量、环空返流至筛管外缘换热量,W;

$\mathrm{d}W$——单位时间内 $\mathrm{d}z$ 长度管壁摩擦力做功,W。

定解条件:

$$z = 0 \text{ 时}, \begin{cases} p_t = p_0 \\ h_t = h_0(x_t = x_0) \end{cases} \qquad z = L \text{ 时}, \begin{cases} p_{an} = p_t \\ h_{an} = h_t \end{cases} \tag{6-2-7}$$

式中 p_0——水平段长油管内 A 点处蒸汽压力,Pa;

h_0——A 点蒸汽比焓,J/kg;

x_0——A 点蒸汽干度。

6.2.4   动量守恒方程简化处理

1)井筒中两相流

对于井筒中两相流,加速度压降在雾流状态下有明显意义。在非雾流状态下,由于流速较小且流速变化不大,可认为 $\mathrm{d}v/\mathrm{d}z = 0$,雾流状态下气体体积流量远大于液体体积流量,故应用理想气体方程可得:

$$\mathrm{d}\left(\frac{1}{\rho_m}\right) = \frac{1}{\rho_m}\left(\frac{1}{T}\frac{\mathrm{d}T}{\mathrm{d}p} - \frac{1}{p}\right)\mathrm{d}p \tag{6-2-8}$$

所以有:

$$\frac{\mathrm{d}v_m}{\mathrm{d}z} = \frac{\mathrm{d}}{\mathrm{d}z}\left(\frac{i_s}{\rho_m A}\right) = \frac{i_s}{A}\frac{\mathrm{d}}{\mathrm{d}z}\left(\frac{1}{\rho_m}\right) = \frac{i_s}{A\rho_m}\left(\frac{1}{T}\frac{\mathrm{d}T}{\mathrm{d}p} - \frac{1}{p}\right)\frac{\mathrm{d}p}{\mathrm{d}z} \tag{6-2-9}$$

式中 v_m——两相流流速,m/s;

ρ_m——两相流平均密度,kg/m^3;

T——湿蒸汽温度,K;

p——湿蒸汽压力,Pa。

湿蒸汽饱和温度与压力对应关系取:

$$T_s = 210.237\,6p_s^{0.21} + 243.15 \tag{6-2-10}$$

$$\frac{\mathrm{d}T_s}{\mathrm{d}p} = 44.15 p_s^{-0.79} \tag{6-2-11}$$

式中 p_s——湿蒸汽饱和压力,MPa;

T_s——湿蒸汽饱和温度,K。

将式(6-2-9)和式(6-2-11)代入动量守恒方程,得到雾流状态下两相流压降方程:

长油管

$$\frac{\mathrm{d}p_t}{\mathrm{d}z} = \frac{-f_t\dfrac{\rho_t v_t^2}{2d_{ti}}}{1 + \rho_t v_t^2\left(44.15\dfrac{p_t^{-0.79}}{T}\cdot\dfrac{1}{10^6} - \dfrac{1}{p_t}\right)} \tag{6-2-12}$$

环空

$$\frac{\mathrm{d}p_{\mathrm{an}}}{\mathrm{d}z} = \frac{f_{\mathrm{an}}\dfrac{\rho_{\mathrm{an}}v_{\mathrm{an}}^2}{2L_{\mathrm{o}}}}{1 + \rho_{\mathrm{an}}v_{\mathrm{an}}^2\left(44.15\dfrac{p_{\mathrm{an}}^{-0.79}}{T}\cdot\dfrac{1}{10^6} - \dfrac{1}{p_{\mathrm{an}}}\right)} \tag{6-2-13}$$

两相流密度及沿程阻力系数使用 B-B 法进行计算。

2）井筒中单相流

液态水可忽略液体压缩性，可以近似认为 $\mathrm{d}v/\mathrm{d}z = 0$，得到单相流压降方程为：

长油管

$$\frac{\mathrm{d}p_{\mathrm{t}}}{\mathrm{d}z} = -f_{\mathrm{t}}\frac{\rho_{\mathrm{t}}v_{\mathrm{t}}^2}{2d_{\mathrm{ti}}} \tag{6-2-14}$$

环空

$$\frac{\mathrm{d}p_{\mathrm{an}}}{\mathrm{d}z} = f_{\mathrm{an}}\frac{\rho_{\mathrm{an}}v_{\mathrm{an}}^2}{2L_{\mathrm{o}}} \tag{6-2-15}$$

6.2.5　能量守恒方程简化处理

1）井筒中两相流

对于井筒中两相流，$\theta = 0°$，化简式（6-2-5），长油管内能量方程可表示为：

$$\frac{\mathrm{d}Q}{\mathrm{d}z} = -i_{\mathrm{s}}\frac{\mathrm{d}h}{\mathrm{d}z} - i_{\mathrm{s}}\frac{\mathrm{d}}{\mathrm{d}z}\left(\frac{v_{\mathrm{t}}^2}{2}\right) - \frac{\mathrm{d}W}{\mathrm{d}z} \tag{6-2-16}$$

其中：

$$\mathrm{d}Q = \mathrm{d}Q_{\mathrm{s}}$$
$$h = (1-x)h_{\mathrm{s}}' + xh_{\mathrm{s}}''$$

式中　h——湿蒸汽比焓，J/kg；

　　　h_{s}'——饱和水比焓，J/kg；

　　　h_{s}''——干饱和蒸汽比焓，J/kg；

　　　x——湿蒸汽干度；

　　　$\mathrm{d}Q$——单位时间内 $\mathrm{d}z$ 长度上散热量，W。

对 h 取微分，可得如下辅助方程：

$$\frac{\mathrm{d}h}{\mathrm{d}z} = (1-x)\frac{\mathrm{d}h_{\mathrm{s}}'}{\mathrm{d}z} + x\frac{\mathrm{d}h_{\mathrm{s}}''}{\mathrm{d}z} + h_{\mathrm{s}}'\frac{\mathrm{d}(1-x)}{\mathrm{d}z} + h_{\mathrm{s}}''\frac{\mathrm{d}x}{\mathrm{d}z} \tag{6-2-17}$$

又因为饱和水、干饱和蒸汽的比焓是温度的函数，即 $h_{\mathrm{s}}' = f(T)$，$h_{\mathrm{s}}'' = f(T)$，则有：

$$\frac{\mathrm{d}h_{\mathrm{s}}'}{\mathrm{d}z} = \frac{\mathrm{d}h_{\mathrm{s}}'}{\mathrm{d}T}\frac{\mathrm{d}T}{\mathrm{d}p}\frac{\mathrm{d}p}{\mathrm{d}z}$$

$$\frac{\mathrm{d}h_{\mathrm{s}}''}{\mathrm{d}z} = \frac{\mathrm{d}h_{\mathrm{s}}''}{\mathrm{d}T}\frac{\mathrm{d}T}{\mathrm{d}p}\frac{\mathrm{d}p}{\mathrm{d}z}$$

式（6-2-17）可进一步表示为：

$$\frac{\mathrm{d}h}{\mathrm{d}z} = (h_{\mathrm{s}}'' - h_{\mathrm{s}}')\frac{\mathrm{d}x}{\mathrm{d}z} + \left[(1-x)\frac{\mathrm{d}h_{\mathrm{s}}'}{\mathrm{d}T} + x\frac{\mathrm{d}h_{\mathrm{s}}''}{\mathrm{d}T}\right]\frac{\mathrm{d}T}{\mathrm{d}p}\frac{\mathrm{d}p}{\mathrm{d}z} \tag{6-2-18}$$

将式（6-2-18）代入式（6-2-16）中，则能量守恒方程可表示为：

$$\frac{\mathrm{d}Q}{\mathrm{d}z} + \frac{\mathrm{d}W}{\mathrm{d}z} + i_\mathrm{s}\Big[(h''_\mathrm{s} - h'_\mathrm{s})\frac{\mathrm{d}x}{\mathrm{d}z} + \frac{\mathrm{d}h'_\mathrm{s}}{\mathrm{d}T}\frac{\mathrm{d}T}{\mathrm{d}p}\frac{\mathrm{d}p}{\mathrm{d}z} +$$

$$v_\mathrm{t}^2\Big(\frac{1}{T}\frac{\mathrm{d}T}{\mathrm{d}p} - \frac{1}{p}\Big)\frac{\mathrm{d}p}{\mathrm{d}z} + \Big(\frac{\mathrm{d}h''_\mathrm{s}}{\mathrm{d}T} - \frac{\mathrm{d}h'_\mathrm{s}}{\mathrm{d}T}\Big)\frac{\mathrm{d}T}{\mathrm{d}p}\frac{\mathrm{d}p}{\mathrm{d}z}x\Big] = 0 \qquad (6\text{-}2\text{-}19)$$

令

$$C_1 = i_\mathrm{s}(h''_\mathrm{s} - h'_\mathrm{s})$$

$$C_2 = i_\mathrm{s}\Big(\frac{\mathrm{d}h''_\mathrm{s}}{\mathrm{d}T} - \frac{\mathrm{d}h'_\mathrm{s}}{\mathrm{d}T}\Big)\frac{\mathrm{d}T}{\mathrm{d}p}\frac{\mathrm{d}p}{\mathrm{d}z}$$

$$C_3 = \frac{\mathrm{d}Q}{\mathrm{d}z} + \frac{\mathrm{d}W}{\mathrm{d}z} + i_\mathrm{s}\Big[\frac{\mathrm{d}h'_\mathrm{s}}{\mathrm{d}T}\frac{\mathrm{d}T}{\mathrm{d}p}\frac{\mathrm{d}p}{\mathrm{d}z} + v_\mathrm{t}^2\Big(\frac{1}{T}\frac{\mathrm{d}T}{\mathrm{d}p} - \frac{1}{p}\Big)\frac{\mathrm{d}p}{\mathrm{d}z}\Big]$$

则能量守恒方程可化简为:

$$C_1\frac{\mathrm{d}x}{\mathrm{d}z} + C_2 x + C_3 = 0 \qquad (6\text{-}2\text{-}20)$$

式中,在确定的井筒位置,系数 C_1, C_2 和 C_3 为常数。

在某一位置处,式(6-2-20)可变换为一阶常微分线性方程,定解条件为 $x|_{z=0} = x_0$,式(6-2-20)可进一步简化为:

$$\frac{\mathrm{d}x}{\mathrm{d}z} + \frac{C_2}{C_1}x = -\frac{C_3}{C_1} \qquad (6\text{-}2\text{-}21)$$

对比上式与一阶线性方程 $y' + P(x)y = \theta(x)$,方程通解为:

$$y = \mathrm{e}^{-\int p\mathrm{d}z}\Big[\int \mathrm{e}^{p\mathrm{d}z}\theta(x)\mathrm{d}x + C\Big] \qquad (6\text{-}2\text{-}22)$$

令 $P(x) = C_2/C_1$, $\theta(x) = C_3/C_1$,可得方程(6-2-20)的特解表达式:

$$x = \mathrm{e}^{-\frac{C_2}{C_1}z}\Big(-\frac{C_3}{C_2}\mathrm{e}^{\frac{C_2}{C_1}z} + x_0 + \frac{C_3}{C_2}\Big) \qquad (6\text{-}2\text{-}23)$$

对环空中流动,有:

$$C_3 = -\frac{\mathrm{d}Q}{\mathrm{d}z} - \frac{\mathrm{d}W}{\mathrm{d}z} + i_\mathrm{s}\Big[\frac{\mathrm{d}h'_\mathrm{s}}{\mathrm{d}T}\frac{\mathrm{d}T}{\mathrm{d}p}\frac{\mathrm{d}p}{\mathrm{d}z} + v_\mathrm{t}^2\Big(\frac{1}{T}\frac{\mathrm{d}T}{\mathrm{d}p} - \frac{1}{p}\Big)\frac{\mathrm{d}p}{\mathrm{d}z}\Big]$$

式中:

$$\frac{\mathrm{d}Q}{\mathrm{d}z} = \frac{\mathrm{d}Q_\mathrm{ml}}{\mathrm{d}z} - \frac{\mathrm{d}Q_\mathrm{s}}{\mathrm{d}z} \qquad (6\text{-}2\text{-}24)$$

2)井筒中单相流

辅助方程可表示为:

$$\frac{\mathrm{d}h}{\mathrm{d}T} = \Big(\frac{\partial h}{\partial T}\Big)_p\frac{\mathrm{d}T}{\mathrm{d}z} + \Big(\frac{\partial h}{\partial p}\Big)_T\frac{\mathrm{d}p}{\mathrm{d}z} = c_p\frac{\mathrm{d}T}{\mathrm{d}z} + \Big[v - T\Big(\frac{\partial v}{\partial T}\Big)_p\Big]\frac{\mathrm{d}p}{\mathrm{d}z} \qquad (6\text{-}2\text{-}25)$$

式中 c_p ——单相流比定压热容,J/(kg·K),可参考工程常用物质热物性手册;

v ——单相流比体积,m³/kg。

将式(6-2-25)代入式(6-2-16)中,长油管内能量守恒方程化简为:

$$\frac{\mathrm{d}Q}{\mathrm{d}z} = -i_\mathrm{s}c_p\frac{\mathrm{d}T}{\mathrm{d}z} - i_\mathrm{s}\Big[v - T\Big(\frac{\partial v}{\partial T}\Big)_p\Big]\frac{\mathrm{d}p}{\mathrm{d}z} - \frac{\mathrm{d}W}{\mathrm{d}z} \qquad (6\text{-}2\text{-}26)$$

对环空中流动,能量守恒方程为:

$$\frac{\mathrm{d}Q}{\mathrm{d}z} = i_\mathrm{s}c_p\frac{\mathrm{d}T}{\mathrm{d}z} + i_\mathrm{s}\Big[v - T\Big(\frac{\partial v}{\partial T}\Big)_p\Big]\frac{\mathrm{d}p}{\mathrm{d}z} - \frac{\mathrm{d}W}{\mathrm{d}z} \qquad (6\text{-}2\text{-}27)$$

6.3　水平段传热数学模型

蒸汽自长油管 A 点注入水平段,到达 B 点后沿环空返回至 A 点,沿径向存在长油管内蒸汽与长油管内壁的强制对流换热及凝结换热、长油管导热、环空返流与长油管外壁的强制对流换热及凝结换热、环空返流与筛管内壁的强制对流换热及凝结换热、筛管导热、油层导热等传热环节,共同影响蒸汽沿井筒传热情况。由于环空返流的影响,传热需分为两部分:长油管内蒸汽通过长油管与环空返流换热、环空返流通过筛管与油层换热。

1) 长油管内蒸汽与环空返流换热量

$$dQ_s = k_t (T_t - T_{an}) dz \tag{6-3-1}$$

$$k_t = \left[\frac{1}{\pi d_{ti} h_{ti}} + \frac{1}{2\pi\lambda_t} \ln\left(\frac{d_{to}}{d_{ti}}\right) + \frac{1}{\pi d_{to} h_{to}} \right]^{-1} \tag{6-3-2}$$

式中　T_t, T_{an}——长油管和环空中流体温度,K;

　　　h_{ti}, h_{to}——长油管内壁和外壁的强迫对流换热系数,W/(m²·K);

　　　λ_t——油管导热系数,W/(m·K);

　　　d_{ti}——油管内径,m;

　　　d_{to}——油管外径,m。

2) 环空返流至筛管外缘换热量

$$dQ_{ml} = k_{an} (T_{an} - T_{so}) dz \tag{6-3-3}$$

$$k_{an} = \left[\frac{1}{\pi d_{si} h_{an}} + \frac{1}{2\pi\lambda_s} \ln\left(\frac{d_{so}}{d_{si}}\right) \right]^{-1} \tag{6-3-4}$$

式中　T_{so}——筛管外缘温度,K;

　　　h_{an}——环空内壁强迫对流换热系数,W/(m²·K);

　　　λ_s——筛管导热系数,W/(m·K);

　　　d_{si}, d_{so}——筛管内径、外径,m。

3) 筛管外缘与油层非稳态传热

根据 Ramey 近似解,不考虑蒸汽进入油层,筛管与油层交界面的径向热流量 $d\phi_s$(单位:W)为:

$$d\phi_s = \frac{2\pi\lambda_o (T_{so} - T_o) dz}{f(t)} \tag{6-3-5}$$

式中　T_o——原始地层温度,℃;

　　　λ_o——油层导热系数,W/(m·K);

　　　$f(t)$——油层导热的时间函数,可用 Chiu 公式计算:

$$f(t) = 0.982(1 + 1.81\sqrt{\tau_D}) \tag{6-3-6}$$

$$\tau_D = \frac{a}{d_{si}}$$

式中　τ_D——无量纲时间;

　　　a——油层热扩散率,m²/s;

d_{si}——筛管内径，m；

τ——注汽时间，s。

根据能量平衡，环空向筛管散热量等于筛管向油层散热量：

$$\mathrm{d}\phi_s = \mathrm{d}Q_{ml} \tag{6-3-7}$$

将式（6-3-3）、式（6-3-5）代入式（6-3-7）得筛管外缘温度：

$$T_{so} = \frac{2\pi\lambda_o T_o + k_{an} T_{an} f(t)}{2\pi\lambda_o + k_{an} f(t)} \tag{6-3-8}$$

6.4 模型说明

6.4.1 摩擦力做功

蒸汽沿长油管及环空流动时，与长油管及筛管接触面存在摩擦力，单位时间内摩擦力在长度 $\mathrm{d}z$ 上做功为：

$$\mathrm{d}W = \tau'\mathrm{d}z\left(\frac{2\mathrm{d}z}{v_i + v_{i+1}}\right)^{-1} = \frac{\tau'}{2}(v_i + v_{i+1}) \tag{6-4-1}$$

$$\tau' = f'\rho\frac{\pi d\mathrm{d}z}{8}\left(\frac{v_i + v_{i+1}}{2}\right)^2 \tag{6-4-2}$$

式中 τ'——管壁摩擦力，N；

v_i, v_{i+1}——第 i 和第 $i+1$ 节点所在截面平均流速，m/s；

f'——流体与管壁摩擦系数；

d——管壁内径，m。

流体与管壁摩擦系数可按下式计算：

$$f' = \begin{cases} 54/Re_s, & Re \leqslant 2\,000 \\ [1.14 - 2\lg(\Delta + 21.25Re_s^{-0.9})]^{-2}, & Re > 2\,000 \end{cases} \tag{6-4-3}$$

$$Re_s = \frac{\rho dv}{\mu}$$

式中 Δ——管壁的绝对粗糙度，mm；

Re_s——流体雷诺数，对于环空 d 取环空特征尺度 L_o。

6.4.2 其他说明

两相流强迫对流换热系数计算参考 Akers 给定方法，两相流努塞尔数为：

$$Nu = \frac{hd}{\lambda_1} = 0.026 Pr_1^{1/3} Re^{0.8} \tag{6-4-4}$$

其中，Pr_1 为液相普朗特数，可表示为：

$$Pr_1 = \frac{c_{p1}\mu}{\lambda_1} \tag{6-4-5}$$

式中 μ——黏度，Pa·s；

　　　c_{pl}——液相比定压热容，$J/(kg \cdot K)$；

　　　λ_l——液相导热系数，$W/(m \cdot K)$。

油管两相流雷诺数 Re_t：

$$Re_t = \frac{d_{ti}}{\mu_l}(\rho_l v_{tl} + \rho_g v_{tg}\sqrt{\rho_l/\rho_g})\qquad(6\text{-}4\text{-}6)$$

式中　v_{tl}——长油管内液相速度，m/s；

　　　v_{tg}——长油管内气相流速，m/s。

　　环空两相流雷诺数 Re_{an}：

$$Re_{an} = \frac{L_o}{\mu_l}(\rho_l v_{anl} + \rho_g v_{ang}\sqrt{\rho_l/\rho_g})\qquad(6\text{-}4\text{-}7)$$

式中　v_{anl}——环空内液相流速，m/s；

　　　v_{ang}——环空内气相流速，m/s。

6.5　模型求解

　　循环预热水平段流动传热模型数值求解步骤如下：

　　(1) 已知 A 点长油管注汽质量流量 i_s、注汽压力 p_t、温度 T_t 和注汽干度 x_t，假设环空温度等于注蒸汽温度。

　　(2) 将长油管和环空从 A 点到 B 点均分为 N 段，取长油管和环空计算步长 dz，长油管内流动传热计算如下：

　　① 假设下一节点 $z = z + dz$ 处蒸汽的压力 p_t' 及干度 x_t'，计算平均压力和干度下蒸汽的物性参数，包括温度、黏度等；

　　② 计算微元井筒的热损失 Q_s 和 Q_{ml}，摩阻系数 f_m，根据动量守恒方程、能量守恒方程求解下一节点的压力 p_t 和干度 x_t；

　　③ 将计算值 p_t 和 x_t 与估计值 p_t' 和 x_t' 对比，看是否满足 $|p_t - p_t'| < \varepsilon_{t,p}$ 且 $|x_t - x_t'| < \varepsilon_{t,x}$，若不满足，则以 p_t 和 x_t 作为新的估计值，重复步骤①～③，直至满足误差要求；

　　④ 从 A 点开始计算，直到算至 B 点结束。

　　(3) 进行环空内流动传热计算，定解条件为：$p_t(L) = p_{an}(L)$，$h_t(L) = h_{an}(L)$。

　　① 假设下一节点 $z = z + dz$ 处蒸汽的压力 p_{an}' 及干度 x_{an}'，计算平均压力和干度下蒸汽的物性参数，包括温度、黏度等。

　　② 计算微元长注汽油管与环空的换热量 Q_s、环空流体与油层换热量 Q_{ml} 和摩阻系数 f_m，根据动量守恒方程、能量守恒方程求解下一节点压力 p_{an}、比焓 h_{an}，判断 h_{an} 和该温度下对应饱和水比焓 h_s'，判断是否转化为过冷水，若仍为湿蒸汽，则根据 h_{an} 计算下一节点干度 x_{an}，转步骤④；若转化为过冷水，跳到以下步骤③。

　　③ 利用单相流压降及物性参数计算方法计算下一节点的过冷水压力、温度；将计算值 p_{an} 和 T_{an} 与估计值 p_{an}' 和 T_{an}' 对比，看是否满足 $|p_{an} - p_{an}'| < \varepsilon_{an,p}$ 且 $|T_{an} - T_{an}'| < \varepsilon_{an,T}$，若不满足，则以 p_{an} 和 T_{an} 作为新的估计值，重复步骤①和②，直至满足误差要求，跳转至步骤⑤。

④ 将计算值 p_{an} 和 x_{an} 与估计值 p'_{an} 和 x'_{an} 对比，看是否满足 $|p_{an}-p'_{an}|<\varepsilon_{an,p}$ 且 $|x_{an}-x'_{an}|<\varepsilon_{an,x}$，若不满足，则以 p_{an} 和 x_{an} 作为新的估计值，重复步骤（2）中④与（3）中①，直至满足误差要求，跳转至步骤⑤。

⑤ 从环空 B 点开始计算，直到算至 A 点结束。

（4）将最新计算的环空参数值作为环空初始条件，长油管内 A 点注汽参数不变条件下，重复步骤（1）～（3），直至最新一次计算结果 p_t，T_t，x_t，p_{an}，T_{an} 和 x_{an} 与之前计算的结果对比误差在规定范围内，结束计算，输出计算结果。

求解流程图如图 6-5-1～图 6-5-3 所示。

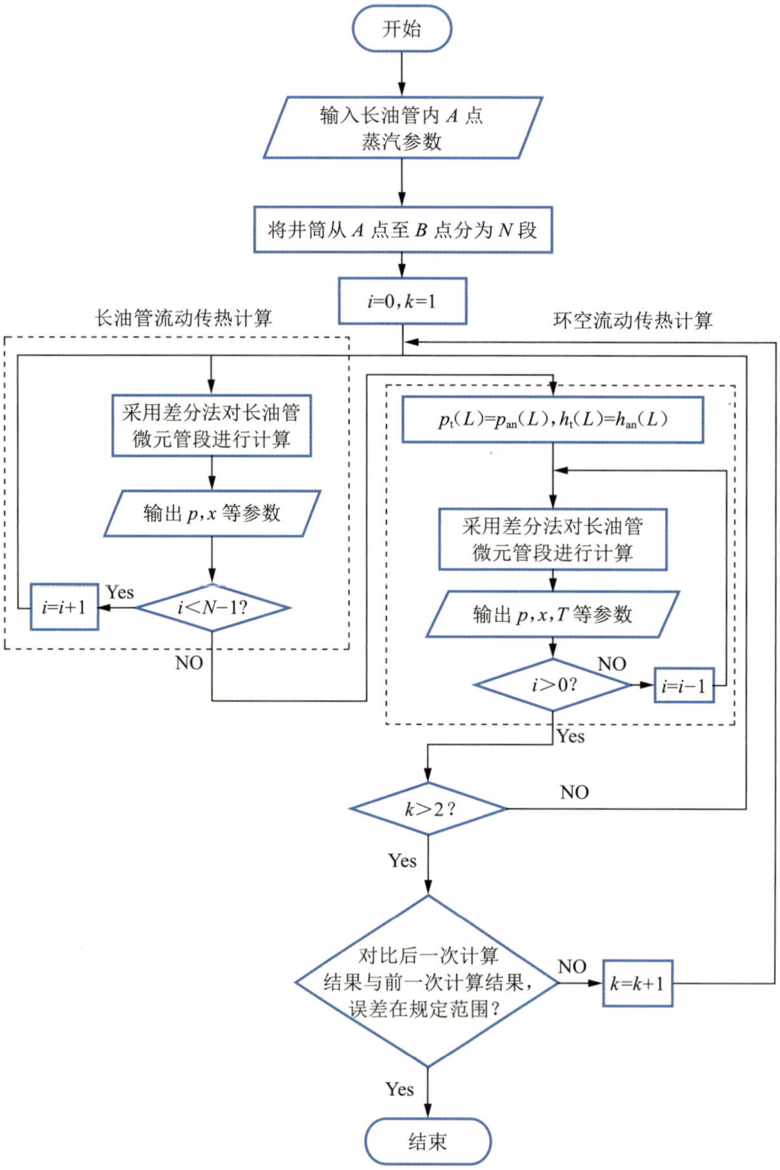

图 6-5-1 水平段流动传热程序计算框图

```
                        ╭─────────╮
                        │   开始   │
                        ╰─────────╯
                            │
                  ╱─────────────────────╲
                 ╱   输入长油管内 A 点      ╲
                 ╲      蒸汽参数           ╱
                  ╲─────────────────────╱
                            │
              ┌─────────────────────────────┐
              │  将井筒从 A 点至 B 点分为 N 段  │
              └─────────────────────────────┘
                            │
                      ┌───────────┐
                      │   i=0      │
                      └───────────┘
                            │
              ┌──────────────────────────────┐
              │  假设下一节点的 p'_t 和 x'_t     │
              └──────────────────────────────┘
                            │
        ┌─────────────────────────────────────────┐
        │  计算微元段内平均压力和干度下蒸汽的物性参数   │
        └─────────────────────────────────────────┘
                            │
        ┌─────────────────────────────────────────────┐
        │  计算蒸汽换热量 dQ_s, dQ_ml 和摩阻系数 f_m      │
        └─────────────────────────────────────────────┘
                            │
              ┌──────────────────────────────┐
              │  计算下一节点的 p_t 和 x_t       │
              └──────────────────────────────┘
                            │
   NO          ◇──────────────────────────────────────◇
  ◄────────────│ |p_t−p'_t|<ε_{t,p} 且 |x_t−x'_t|<ε_{t,x} │
               ◇──────────────────────────────────────◇
                            │ Yes
                  ╱─────────────────────╲
                 ╱    输出 p,x 等参数      ╲
                  ╲─────────────────────╱
                            │
                    ◇───────────────◇      Yes    ┌─────────┐
                    │   i<N−1?       │──────────►  │  i=i+1  │
                    ◇───────────────◇             └─────────┘
                            │ NO
                        ╭─────────╮
                        │   结束   │
                        ╰─────────╯
```

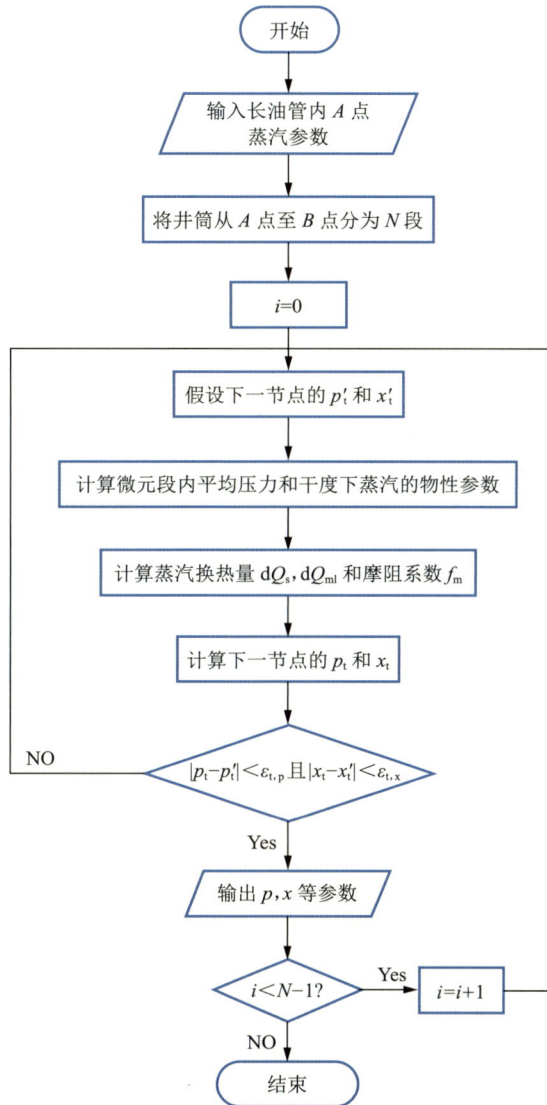

图 6-5-2　长油管换热计算框图

开始

$p_t(L)=p_{an}(L), h_t(L)=h_{an}(L)$

将井筒从 A 点至 B 点分为 N 段

$i=N-1$

环空中为湿蒸汽

假设下一节点的 p'_{an} 和 x'_{an}

计算微元段内平均压力和干度下蒸汽的物性参数

计算蒸汽换热量 dQ_{ml}，dQ_s 和摩阻系数 f_m

$h_{an}<h'_s$?

环空中转化为过冷水

假设下一节点的 p'_{an} 和 T'_{an}

计算微元段内平均压力和温度下过冷水的物性参数

计算过冷水传热量 dQ_{ml}，dQ_s 和摩阻系数 f_m

计算下一节点的 p_{an} 和 T_{an}

$|p_{an}-p'_{an}|<\varepsilon_{an,p}$ 且 $|T_{an}-T'_{an}|<\varepsilon_{an,T}$

Yes

输出 p,t 等参数

$i>0$? Yes $i=i-1$

NO

计算下一节点的 p_{an} 和 x_{an}

$|p_{an}-p'_{an}|<\varepsilon_{an,p}$ 且 $|x_{an}-x'_{an}|<\varepsilon_{an,x}$

Yes

输出 p,x 等参数

$i>0$? Yes $i=i-1$

NO

结束

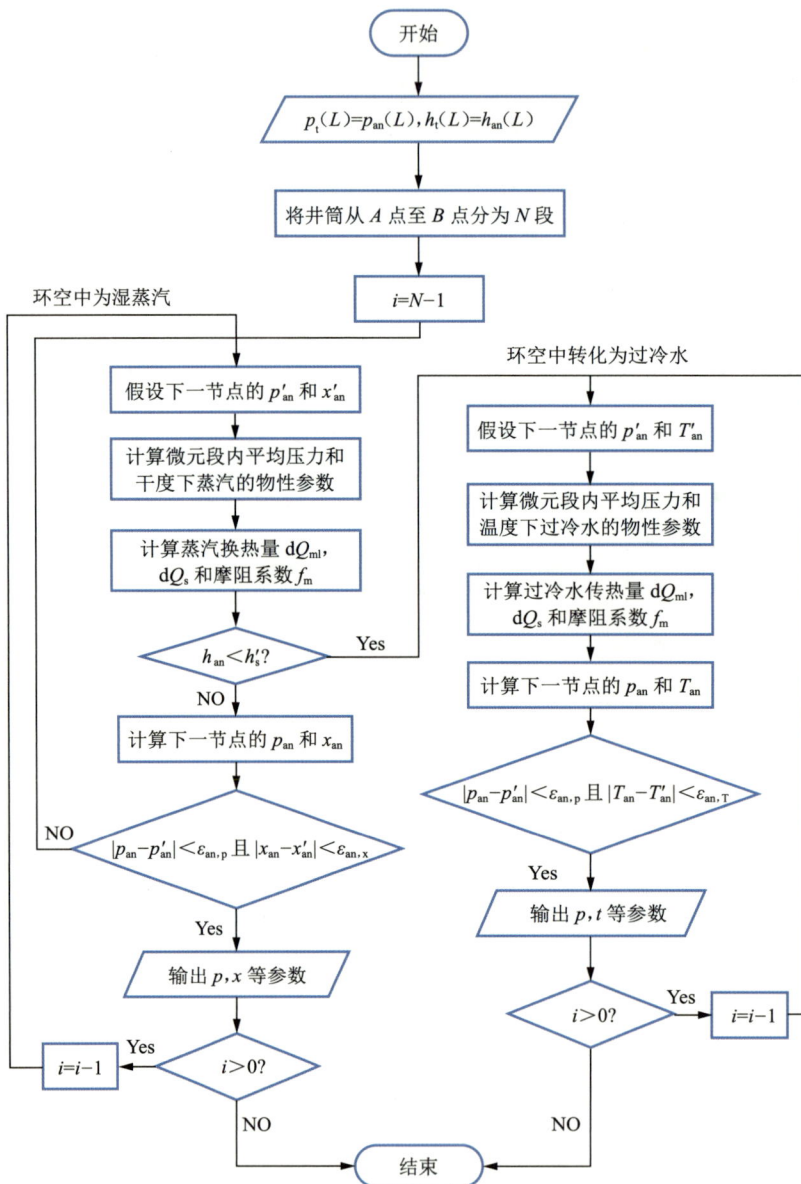

图 6-5-3 环空传热计算框图

参 考 文 献

［1］　YANG L Q,WANG H Y,GAO Y R. Pre-heating circulation design for dual horizontal well SAGD in the medium-deep extra heavy oil reservoirs［J］. European Association of Geoscientists & Engineers 2013：56-77.

［2］　ANDERSON M T,KENNEDY D B. SAGD startup：Leaving the heat in the reservoir［C］. SPE Heavy Oil Conference Canada,Calgary,Alberta,Canada,June,2012.

［3］　BEGGS D H,BRILL J P. A study of two-phase flow in inclined pipes［J］. JPT,1973,25(5)：607-617.

［4］　CHIU K,THAKUR S C. Modeling of wellbore heat losses in directional wells under changing injection conditions［C］. SPE Annual Technical Conference and Exhibition,Dallas,Texas,October,1991：45-63.

［5］　霍尔曼 J P. 传热学题解［M］. 北京：人民教育出版社,1981.

第 7 章
超稠油过热蒸汽 SAGD 开发关键配套技术

以辽河油田为例,随着 SAGD 开发的进行,部分井组产液量水平提升较快,需将井组举升水平提高至 500 t/d 左右,以满足井组生产需求,持续改善 SAGD 开发效果。因此,需要进行两项技术攻关:ϕ150 mm+10 m 冲程抽油机有杆泵举升技术及耐 250 ℃ 高温电潜泵举升技术。

7.1　耐高温大冲程抽油机有杆泵举升技术

7.1.1　总体设计路线

目前辽河油田 SAGD 开发举升工艺以有杆泵举升为主,形成了胜利高原现有的 20 型 10 m 冲程塔架式抽油机 | ϕ120/140 mm 管式泵的有杆泵举升组合,能够满足 SAGD 大排量举升的基本要求。但随着 SAGD 规模扩大化和工艺技术总体水平的不断提高,有杆泵举升工艺向"高效、节能、增加生产时率"方向发展势在必行,同时 SAGD 井高温、大排量、高冲次的生产特点导致举升工艺负荷过大,这对现有的举升工艺提出了新的技术要求。

按照有杆泵举升工艺设计原则,结合 SAGD 中高含水特点,要求冲程越长越好,冲次越低越好,SAGD 的"长冲程、大泵径、低冲次"技术升级可以带来诸多好处。低冲次生产可以延长检泵周期、保证生产时率。

1）长冲程 10 m 抽油机

通过对长冲程塔架式抽油机设计及动载校核,可在现有 8 m 链条式抽油机基础上进行升级改造,研究试制 10 m 长冲程抽油机,以实现油井"长冲程、低冲次"生产,提高生产时率,减少设备维护,技术路线图如图 7-1-1 所示。10 m 长冲程抽油机整机由 13 部分组成:机架部分、减速器、换向架总成、平衡箱总成、从动链轮总成、悬绳器总成、天轮总成、天轮罩总成、电动机总成、小底座、刹车总成、电控箱和活动基础(图 7-1-2、图 7-1-3)。

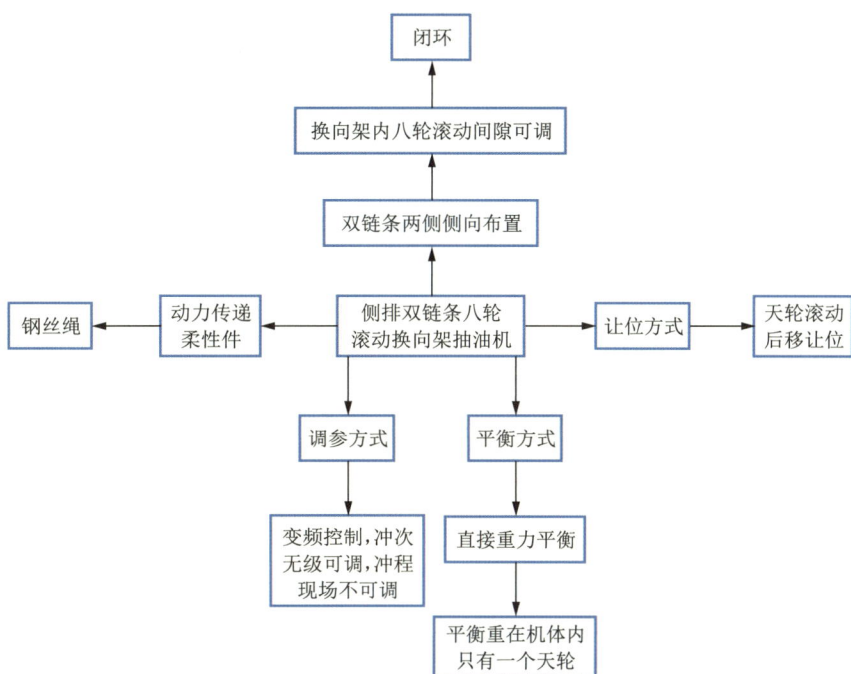

图 7-1-1　10 m 冲程抽油机研究技术路线图

图 7-1-2　20 型 10 m 冲程塔架式抽油机实物图

　　20 型 10 m 冲程抽油机工作原理:抽油机的机架为方形封闭式整体,顶部安装一个天轮,下置电动机、减速器,中间为重载链条传动机构。由电动机传递功率,经减速器减速后驱动主动链轮旋转,使垂直分布的闭环链条在主动链轮、从动链轮之间运转。工作执行机

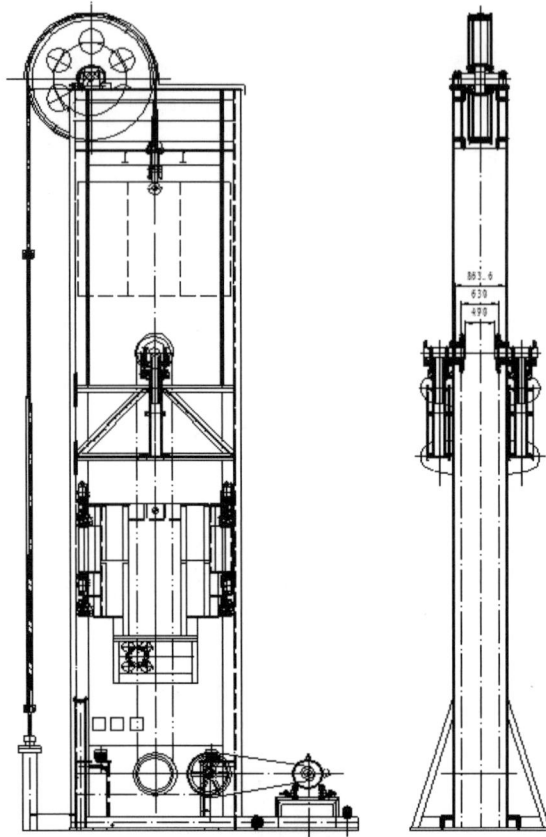

图 7-1-3　20 型 10 m 冲程抽油机设计图

构主要是传动链条、平衡箱、换向架和两根钢丝绳。换向机构为链条带动特殊链节在垂直面内运动,与特殊链节相连接的换向轮在换向架内做水平往复运动,以此带动平衡箱在垂直面内做上下往复运动,由平衡箱上连接的钢丝绳绕过天轮带动抽油杆做往复抽油运动,从而使旋转运动转变为直线往复运动。当特殊链节向下运行时为抽油行程,反之为非抽油行程;可根据上下行电流或示功图载荷的大小来调整配重块,使其达到完全平衡。

2)抽油杆

可用 ϕ29 mm H 级连续抽油杆代替插接式抽油杆,以减少由于杆断、杆脱引起的非正常作业,从而延长举升系统的使用寿命。

3)光杆密封器

注入式耐高温光杆密封器(耐温−30~230 ℃,耐压 10 MPa)能够实现不停机在线补料,从而提高 SAGD 生产井时率,减轻现场工作强度。

4)管式泵在现有工艺基础上不断提高加工工艺技术水平

ϕ150 mm 耐高温管式泵采用优质碳素结构钢冷轧精密无缝钢管,经过人工时效热处理和激光熔覆表面处理、乳白铬底层覆盖,采用纳米金刚石微粉电镀硬铬工艺,提高泵体的耐温能力、抗腐蚀能力和耐磨能力。ϕ150 mm 耐高温管式泵能够增加有杆泵举升排液上限,例如,3.5 次抽理论排量可达 700 t/d。

5）大泵脱接器

在抽油杆柱与泵径 ϕ120 mm 以上大泵连接的脱接器技术中,脱接器采用滑套自锁式结构。该技术可完全胜任高温、高含水、大排量等工况的 SAGD 井的使用要求。

6）抽油杆柱综合防偏磨技术

在抽油过程中,抽油杆防脱器与抽油杆旋转器配合使用可实现抽油杆柱旋转,加之在杆柱上安装抽油杆防偏磨器、抗弯防磨副、抗磨接箍等工具形成油井综合防偏磨技术。该技术所使用的井下工具安装简单,无须改变地面和井下设备,原理可靠,理论依据充分,适用于有一个或多个抽油机井的采油。井下抽油杆旋转器是一种多功能的井下工具,不但能使抽油杆柱旋转,而且能起到井下减震器的作用,具有超冲程效果,可提高抽油机井泵效,延长检泵周期。

7.1.2　校核计算与模拟试验

校核的原始参数为井深 800 m、泵 ϕ150 mm、抽油杆 ϕ25.4 mm、冲程 10 m、最大冲次 3 次。计算最大和最小静载荷分别为 16.5 t 和 2.8 t,机架是该塔架式抽油机的重要部件,影响整机性能,不但要承载 20 t 载荷,还要承载强风、过载载荷等。采用 Solidworks 软件建立了塔架式抽油机机架模型,将三维模型导入 ANSYS 进行计算。计算结果表明:在忽略风载、施加纵向风载及施加横向风载时,机架最大 Mises 应力分别为 208.19 MPa,209.1 MPa 和 210.2 MPa,安全系数分别为 1.65,1.65 和 1.66,机架强度满足设计要求;在忽略风载、施加纵向风载及施加横向风载时,机架最大横向位移分别为 4.42 mm,4.38 mm 和 4.43 mm,最大纵向位移分别为 1.3 mm,2.15 mm 和 1.37 mm,符合 SY/T 6729—2014《无游梁式抽油机》要求,机架刚度满足设计要求。

试制后,在模拟试验台上安装好抽油机,各部分固定好后进行模拟试验。首先进行轻载、低冲次试运转检测,挂额定载荷的一半配重(100 kN)低冲次运转,运转 2 h 后检查各运转部件是否运行平稳,有无卡、碰、磨等异常现象,运转时机体是否平稳,各连接件是否拧紧、牢固,刹车装置是否灵活可靠等;然后进行正常运转检测,挂额定载荷(200 kN),冲次分别为 1 次/min、2 次/min、3 次/min,检测各项技术指标,并测试超载保护功能。经检测,该抽油机各项技术指标均达到合同及标准要求。

7.1.3　现场试验效果及结论

杜 84-馆 H51 井于 2018 年 8 月 11 日下井启泵成功,平稳运行 843 d,稳定运行期间平均日产液量为 404 t/d,平均日产油量为 107 t/d,平均含水率为 73.5%。日产液量上升 45 t/d,日产油量上升 30 t/d,阶段增油 1.37×10^4 t。运行期间平均频率为 34 Hz,吸入口压力平均为 2.5 MPa,吸入口温度平均为 205 ℃,电机温度平均为 201 ℃(图 7-1-4、图 7-1-5)。

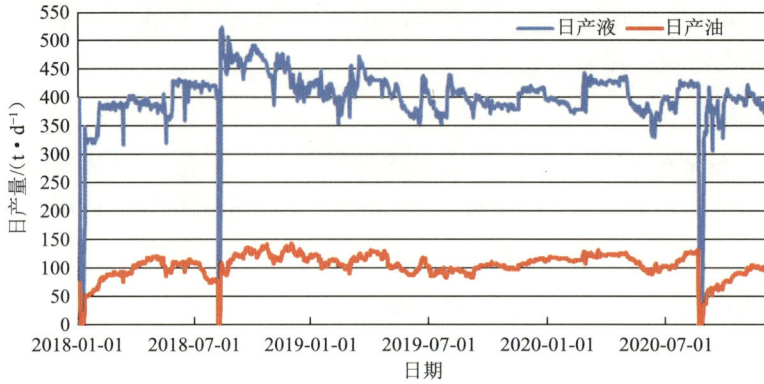

图 7-1-4　杜 84-馆 H51 耐高温电潜泵生产曲线

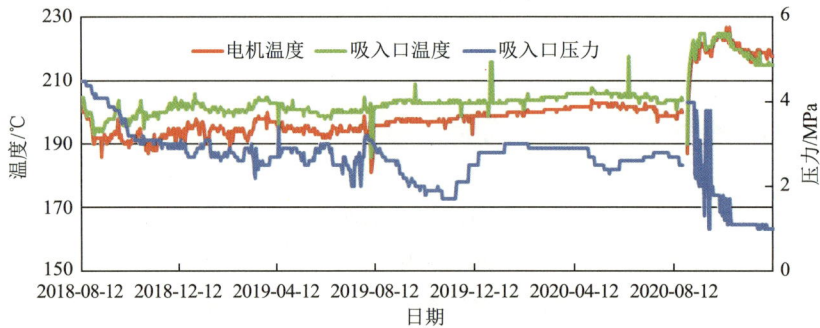

图 7-1-5　杜 84-馆 H51 耐高温电潜泵电机温度、吸入口温度及压力曲线

　　为配套 10 m 塔架式抽油机应用,选用了连续抽油杆。连续抽油杆能够减少抽油杆与油管之间的摩擦,减少杆柱的失效频率,简化作业程序。分别对 5 种不同型号的连续抽油杆与 $\phi120$ mm 泵配套进行强度校核计算,从中选择 $\phi22$ mm 和 $\phi25$ mm 两种型号的连续抽油杆与 $\phi120$ mm 泵配合。长冲程大泵径有杆泵举升系统于 2019 年 9 月 22 日安装完毕,9 月 25 日正式转抽,阶段运行 423 d,连续稳定运行。阶段产液 50 711 t,产油 6 024 t,泵效稳定在 50% 以上,效果较好(图 7-1-6)。

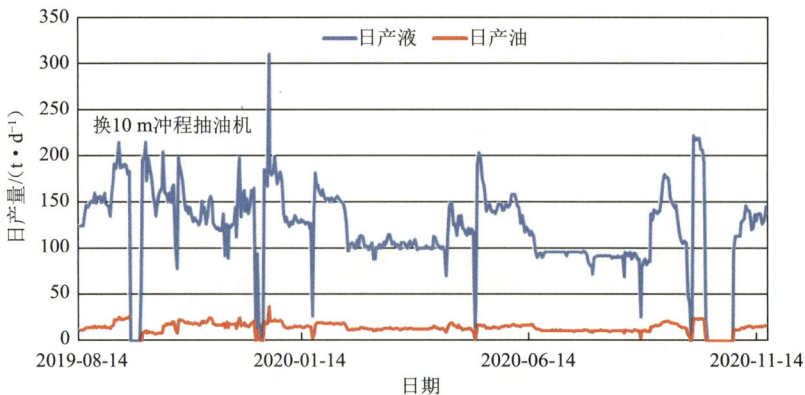

图 7-1-6　长冲程大泵径有杆泵举升系统生产曲线

7.2　国产耐高温电潜泵研制

7.2.1　采用耐高温电潜泵的客观必要性

SAGD 对于井下机采设备的使用温度、耐腐蚀性、气锁、耐磨、水平安装都有严格的技术界限。目前国内 SAGD 采用管式泵＋抽油机举升方式，虽然能够满足高温举升的要求，但是仍然存在制约 SAGD 生产的因素，采用耐高温电潜泵有其客观必要性，主要有以下两点原因：

1）管式泵无法满足百吨油井生产

按照百吨油井生产计算，含水率 80％，泵效 50％～70％，抽油泵具有 714～1 000 m³/d 理论排量，而高温电潜泵在 50 Hz 以下的最佳产量范围是 464～1 033 m³/d。

2）管式泵无法满足 SAGD 中深井举升要求

下泵深度垂深 900 m，冲程 8 m，冲次 4.3 次，抽油杆 ϕ25.4 mm，油管 ϕ114 mm，管式泵无法满足 SAGD 中深井举升要求。根据电潜泵特性曲线，日产油量为 400 m³/d，沉没度按照 500 m 计算，电潜泵可满足举升高度垂深 900 m，可以通过增加电潜泵级数来进一步提高扬程。

7.2.2　耐高温电潜泵研制关键技术

耐高温电潜泵研制重点为高温潜油电机和高温保护器，其密封件和叶轮的摩擦垫片均为耐高温耐磨损材料。所需全部材料、结构设计、性能要求均按耐温 250 ℃考虑。

1）高温潜油电机集成设计及制造技术

（1）电磁设计。

高温潜油电机运行的环境温度超过 200 ℃，电机内部温度较环境温度高 40 ℃。高温潜油电机细而长，由多节单元定、转子串联组成，每两节转子之间用扶正轴承隔开。多节单元定、转子串联后功率叠加，工作电压叠加。整体定子只有两个绕组端部，而每节转子端部除端环外还有扶正轴承。另外，转子在电机油中工作，油的黏性产生的机械损耗要比在空气中大得多。由于具有上述这些特点，按照普通三相异步电动机的电磁计算和分析方法来设计高温潜油电机是不够完善的，所以采用有限元方法对定、转子的绕组、铁芯、气隙进行优化设计。

（2）电磁线、槽绝缘和高温绝缘漆。

电磁线为聚酰亚胺复合薄膜绕包、高温烧结，电磁线绝缘层厚度双边为 0.5 mm，其温度指数最高为 300 ℃，室温不击穿直流电压为 7 200 V。槽绝缘为聚酰亚胺，击穿电压为 40 kV/mm，工作温度为 300 ℃，双层使用。高温绝缘漆耐温指数为 420 ℃，击穿电压为

20 kV/mm。

（3）高温电机油。

在电机腔内充满电机油,起润滑和散热作用,因此电机油应具有耐高温、无腐蚀、耐高压、润滑性能好等性能。

（4）扶正轴承。

铝青铜 ZQAL9-4-4-2 或 ZQAL10-4-4 的硬度比轴承低,耐温 370 ℃,耐磨性能极好,是很好的高温电机扶正衬套的材料。

（5）止推轴承。

止推轴承动板和静板的材料均为硬质合金,其耐高温性能和耐磨性能均满足高温电机的使用要求。把动板镶装在壳体内,轴的扭矩通过平键传递到壳体上,再带动动板转动,从而避免转轴对动板造成的应力集中。为了降低摩擦热,动、静板的两个工作面的粗糙度应达到镜面等级;同时,需降低摩擦副间的平均压强以减小摩擦系数,为此定、转子装配后使定、转子铁芯错位,工作时定子对转子产生的向上轴向磁拉力可以抵消部分转子重力。

（6）油路循环与过滤系统。

潜油电机的电机轴是空心的,最上端用丝堵封死。轴上对应每一个扶正轴承之处都有对称的两个小油孔。轴在旋转时轴孔内的电机油在离心力的作用下从小油孔甩出,再经过扶正衬套上的小孔进入摩擦副间,对润滑轴承。出来的电机油进入定、转子气隙之间,再回到轴的下端。

止推轴承位于电机上端,电机是发热源,电机腔内电机油的温度高于保护器腔内电机油的温度,于是产生热对流循环。止推轴承主要靠热对流散热。为了充分利用热对流效应,电机腔体和保护器腔体之间的过油孔截面积应尽量大。

机组长时间工作后会产生一些磨损物。为了防止磨损物进入润滑油路,特在电机尾座上加工出一道环形沟槽,磨损物在遮板的遮挡下落入沟槽,比较干净的润滑油通过尾座上的通油孔进入尾锥腔内,再经过过滤器组件进入轴孔参与润滑。过滤器具有较大的过流面积,不易节流堵塞。

（7）温度场计算。

在电磁设计和结构设计完成后,建立电机的三维模型,利用 FLUENT 流体分析及仿真软件计算排量(流速)、环境温度、导热介质(油水含量)对高温潜油电机的温升影响。

2）高温电机保护器

SAGD 高温井多为水平井或大斜度井,井温高达 200 ℃ 以上,而传统沉淀式保护器不适于水平放置或倾斜放置,胶囊式保护器的弹性囊没有足够的抗拉强度和耐温性,因此这两种保护器都不适用于高温井。耐高温多级模块化金属囊高温电机保护器和高温绝缘、润滑电机油能够很好地解决以上两种保护器的缺陷和局限性。

3）电缆密封装置

温度变化引起密封体内的电机油膨胀或收缩,从而导致内外产生压差。当内压大于外压时,弹簧收缩,波纹管环形密封套蠕动收缩,产生弹性力补偿差压;反之,弹簧伸长,波纹管环形密封套蠕动释放,补偿密封体内的电机油膨胀收缩留下的空间,消除差压,可有效消除高温挤压变形在电缆上引起的环形沟痕,实现可靠密封。

7.2.3 总体设计路线

针对耐高温电潜泵关键技术制定了研究技术路线(图 7-2-1)。为了选择合适的电潜泵,在总结已用电潜泵存在问题的基础上,根据相关标准、试验井资料和生产数据进行了选泵设计,通过计算,初步得到所选电机、泵和电缆的相关参数,变压器容量为 200 kV·A,频率为30~60 Hz,控制柜容量为 132 kW,测温电缆采用 K-型热电偶,采用毛细管压力测试。

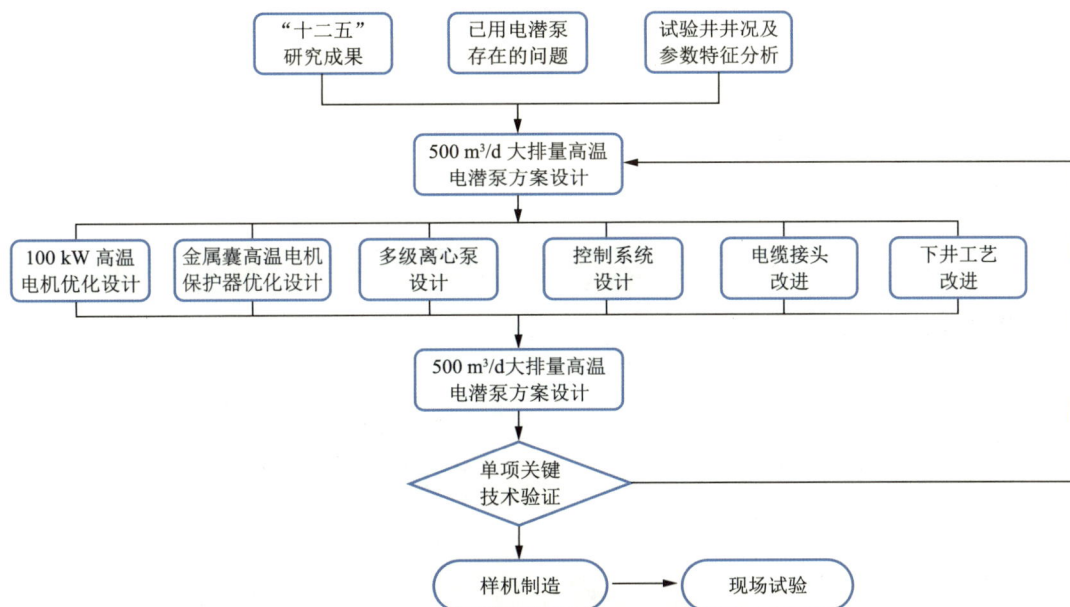

图 7-2-1 耐高温电潜泵技术研究路线

1）高温潜油电机

高温潜油电机是整个电潜泵机组的动力源,也是发热源,属于电潜泵系统中温度最高的关键部件。耐高温、高可靠性、高效是高温潜油电机设计和制造的关键技术。电机定子是由优质碳素结构钢制成的壳体,耐高温的高导磁性的优质硅钢制成定子铁芯,复合绝缘材料绕包铜线制成三相绕组线,其耐温达 280 ℃以上;电机转子由多级独立的转子通过电机轴串接的方式组成,且在两级转子之间配有扶正轴承,每节独立转子由转子叠片、导条、端环组成,经过叠压、铆压、焊接、加工等工序制作;止推轴承的摩擦副是由一个滑板和一个特殊结构的带有扇形块的止推盘组成,采用耐温的硬度合适的合金制成,以保证转子在高转速下良好地运转;上下接头以优质不锈钢加工制成,其内孔安装特殊材质轴瓦,使其和电机轴形成一对摩擦副,电机腔内充满特制的高温电机油,耐温达 300 ℃。转子采用异形槽和异形转子导条(图 7-2-2)的设计技术,提高了电机功率密度。

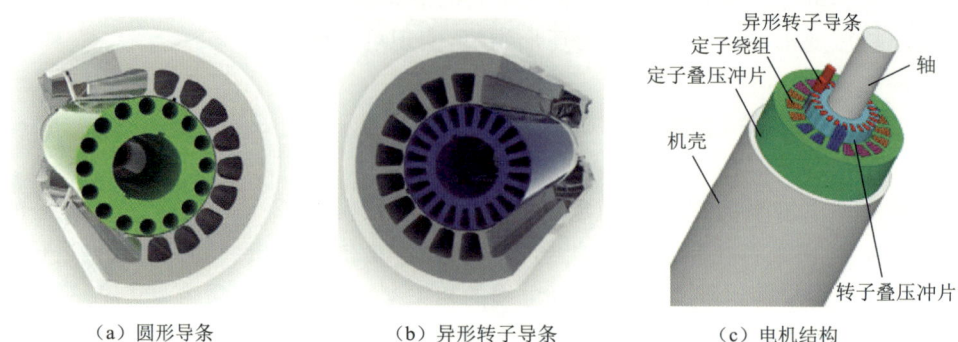

（a）圆形导条　　　　　　（b）异形转子导条　　　　　（c）电机结构

图 7-2-2　ESP 感应电机结构

耐温 300 ℃、耐电压 4 000 V 的复合有机绝缘与无机绝缘的电磁线提升了电机的热、电、机械应力；新型结构的陶瓷推力轴承和扶正轴承耐温更强、磨损更小，提升了机组的寿命；电-磁-流体-热耦合计算方法的采用优化了电机的磁路和散热结构，准确预测了电机的温升状况，提高了电机的可靠性。所设计的高温潜油电机如图 7-2-3 所示。

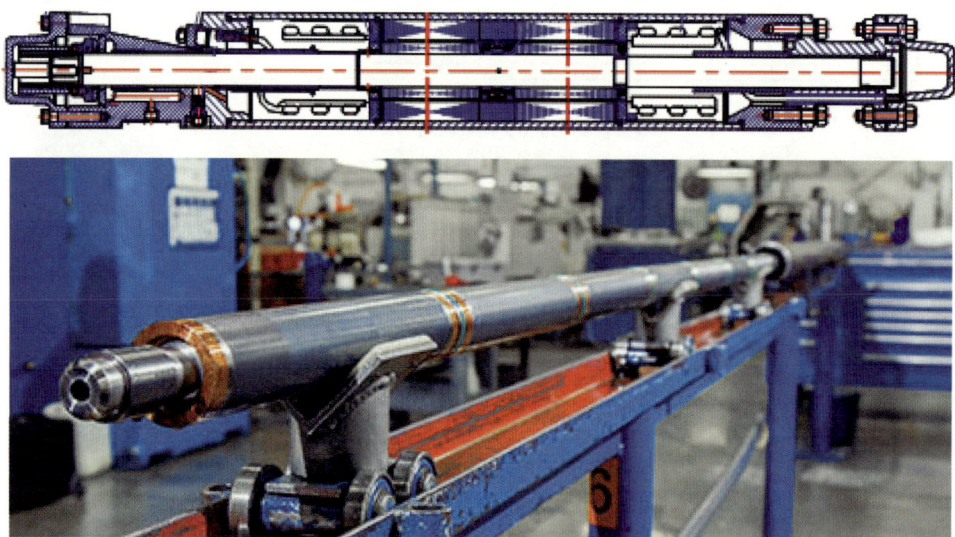

图 7-2-3　高温潜油电机总装图(上)及电机装配图(下)

2）电机试验结果

根据电潜泵的企业标准 Q/GDT 20—2017《高温电潜泵机组》和国家标准 GB/T 16750—2015《潜油电泵机组》进行了电机试验，主要完成了空载试验、负载试验，得到了电机的机械耗和铁耗，检验了电机电流不平衡率，满足标准要求。以输出功率为横坐标，绘制电机电流 I_N、功率因数 $\cos\phi$、效率 η_N、转差率 s_N 曲线，如图 7-2-4 所示。根据测试数据和拟合曲线，得到 $\eta_N=84.4\%$，$I_N=50.1$ A，$\cos\phi=0.908\,9$，$n_N=2\,783$ r/min，$s_N=0.07$。

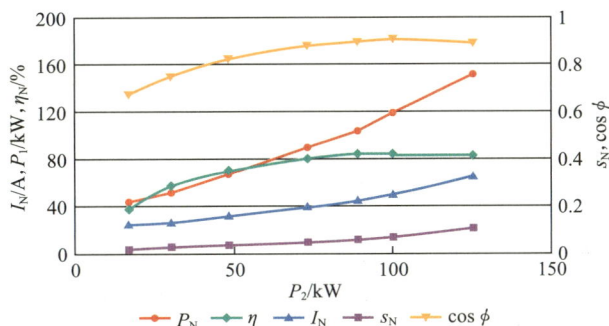

图 7-2-4　负载工作特性曲线

3）高温电机保护器

耐高温新型波纹管金属囊高温电机保护器如图 7-2-5 所示。基于可预期的流体动力润滑机理，在密封界面形成一定厚度的润滑油膜，可降低磨损，提高密封元件寿命。

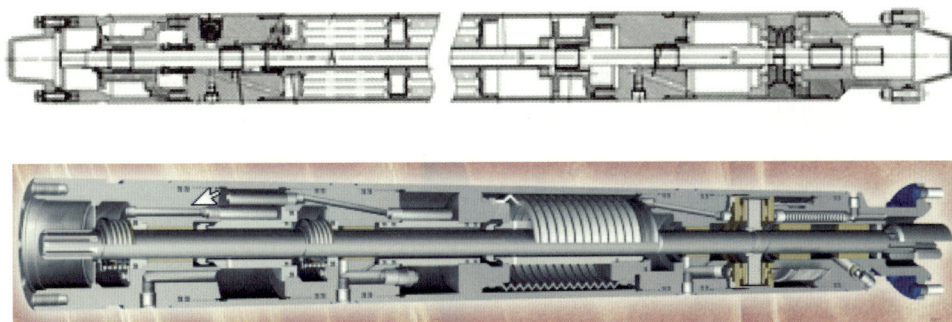

图 7-2-5　金属囊高温电机保护器总装图(上)和三维结构图(下)

金属囊高温电机保护器的特点为：采用复合金属波纹管代替传统保护器弹性胶囊的技术，实现了高温下保护器的自由呼吸和电机油的补偿功能，有效地保护了高温电潜泵的可靠运行；基于无机合成油，加入防锈剂和结构改善剂等添加剂精制而成新一代、新配方强绝缘、耐高温、强润滑的电机油；对核心部件进行同功能模块化设计，可根据实际情况安装单级保护器和多级保护器。

4）控制系统

该控制系统用于控制电潜泵交流异步电动机的运行，可实现对机组的平稳启动、停止，根据负载情况手动调节输出频率，进而调节电机的转速，达到自由可调生产能力、节能及延长机组使用寿命的目的。

5）电缆接头

采用"差压自补偿密封技术及配套结构"实现高温密封的方法，弥补了温度变化在动力电缆上引起的残留环形沟痕，耐温 260 ℃，耐压 0.5 MPa。设计了电机引出线与电缆密封盒、电缆接头密封盒及井口穿越器等装置。

6）耐高温、高耐磨性多级离心泵

通过分析原油黏度对潜油电泵性能的影响，修正离心泵的相关参数，改善高温稠油环境下离心泵泵效，对摩擦副材料进行表面工艺处理，极大地减少泵内的部件与液体的摩擦阻力，同时提高部件的耐磨和耐腐蚀能力（图 7-2-6）。

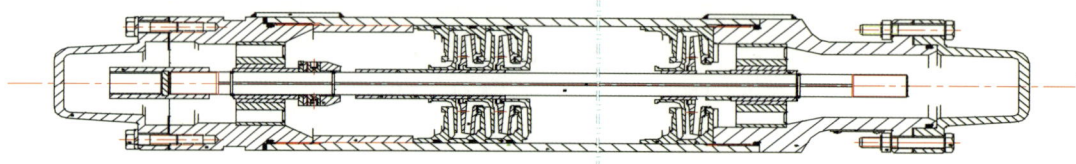

图 7-2-6　多级离心泵总装图

7）测温、测压系统

该系统能够监测电机温度、吸入口温度以及吸入口压力。其中，温度 1 表示电机温度，温度 2 和温度 3 表示吸入口温度。温度、压力信号传给变频控制系统，实现电机保护，CS3000 电力监测仪中的信号通过通讯传给监测系统，控制柜配置有线或无线传输模块，以达到数据远传的目的。

7.2.4　地面模拟试验

1）地面模拟试验装置

研制的高温 ESP 试验装置既能完成成套机组的试验，也能实现高温潜油电机的单机试验。该装置介质为高温导热油，系统耐温达到 280 ℃，HTESP 出口压力最高为 18 MPa，被测试的 ESP 系统最长可达 22 m。基于电潜泵的技术参数，结合现场套管内径 224 mm（外径 245 mm），搭建 250 ℃高温电潜泵试验台，其主要功能是通过控制泵出口的闸阀来模拟电潜泵的举升压差（扬程），同时记录瞬时流量；当变频控制电机转速时，可以通过传感器记录电机的电流、电压、功率及功率因数等参数。使用该试验台能够研究高温电潜泵的额定负载特性、空载特性及超速性能（图 7-2-7）。

2）220 ℃工况试验

图 7-2-8 是频率为 50 Hz、温度为 220 ℃工况试验电潜泵的温升及折算产量曲线，电机中部温度最高，与泵入口温度（环境温度）相比，温升为 9 ℃，其他机械摩擦部位的温升为 3～9 ℃，各部位的温升基本稳定，系统的扬程约为 800 m，排量约为 552 m³/d，电机的功率约为 64 kW，各项参数运行平稳。试验完毕后，将电潜泵系统拆解，各关键部件无损坏和磨损现象。

3）250 ℃工况试验

图 7-2-9 是频率为 50 Hz、温度为 220 ℃工况试验电潜泵的温升及折算产量曲线，电

机中部温度最高,与泵入口温度(环境温度)相比,温升为 9 ℃,其他机械摩擦部位的温升为 3~9 ℃,各部位的温升基本稳定,系统的扬程约为 770 m,排量平均为 514 m³/d,电机的功率约为 62 kW,各项参数运行平稳。试验完毕后,将电潜泵系统拆解,各关键部件无损坏和磨损现象。

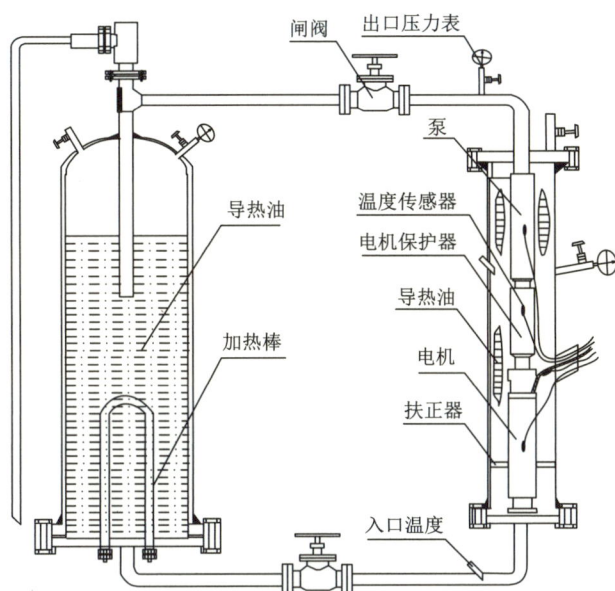

（a）高温电潜泵综合试验台原理图

（b）高温电潜泵综合试验台实物图

图 7-2-7　高温电潜泵综合试验台

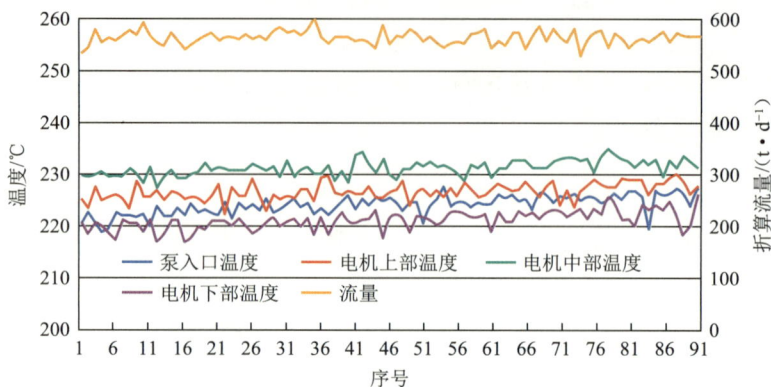

图 7-2-8　电机关键部位温度与折算流量曲线图(220 ℃工况试验)

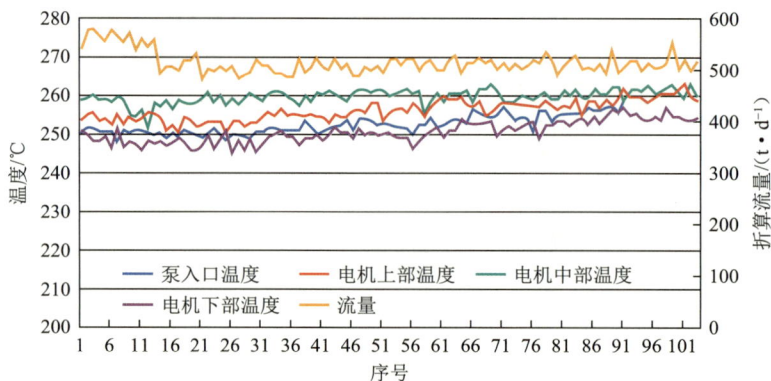

图 7-2-9　电机关键部位温度与折算流量曲线图(250 ℃工况试验)

参 考 文 献

［1］　杨光华.石油大学稠油研究论文集［C］.东营:石油大学出版社,1990.

［2］　胡见义,牛嘉玉.中国重油和沥青砂资源［J］.世界石油工业,1998,5(9):13-19.

［3］　王霞,潘成松,郭清,等.稠油水热裂解采油技术的影响因素分析［J］.内蒙古石油化工,2007,33(8):
　　　　111-113.

［4］　YIKUN L I,ZHAO F L,PENG Y. The effect of inorganic salts on phase diagrams of microemulsion
　　　　formed with APEC(Na)［J］. Oilfield Chemistry,2003,20(1):50-53.

［5］　ZENG H,COURT R W,SEPHTON M A,et al. Quantitative laboratory assessment of aquathermolysis
　　　　chemistry during steam-assisted recovery of heavy oils and bitumen with a focus on sulfur［C］. SPE Heavy
　　　　Oil Conference,Canada,2013.

［6］　WEI L I,ZHU J H,JIAN-HUA Q I. Application of nano-nickel catalyst in the viscosity reduction of Liao-
　　　　he extra-heavy oil by aqua-thermolysis［J］. Journal of Fuel Chemistry & Technology,2007,35(2):
　　　　176-180.

［7］　ROMANOV A I,HAMOUDA A A. Heavy oil recovery by steam injection,mapping of temperature
　　　　distribution in light of heat transfer mechanisms［J］. Neuropharmacology,2011,27(1):15-21.

［8］ SZASZ S E,THOMAS G W. Principles of heavy oil recovery[J]. Journal of Canadian Petroleum Technology,1965,4(4):188-195.

［9］ 刘喜林.难动用储量开发稠油开采技术[M].北京:石油工业出版社,2005.

［10］ 王大为,周耐强,牟凯.稠油热采技术现状及发展趋势[J].西部探矿工程,2008(12):129-131.

［11］ 王弥康.热力采油与提高原油采收率[J].油气采收率技术,1994(1):6-11.

［12］ IBATULLIN T R,YANG T,PETERSEN E B,et al. Simulation of hydrogen sulfide and carbon dioxide production during thermal recovery of bitumen[R]. SPE Reservoir Characterisation and Simulation Conference and Exhibition,RCSC,2011.

［13］ THIMM H F. Aquathermolysis and sources of produced gases in SAGD[R]. SPE Heavy oil Conference Canada,2014.

［14］ SASAKI K,AKIBAYAHSI S,YAZZWA N,et al. Hydrogen sulphide measurements in SAGD operations[J]. Journal of Canadian Petroleum Technology,2001,40(1):51-53.

［15］ 戴金星,胡见义,贾承造,等.科学安全勘探开发高硫化氢天然气田的建议[J].石油勘探与开发,2004,31(2):1-4.

［16］ ZHU G,ZHANG S,HUANG H,et al. Induced H_2S formation during steam injection recovery process of heavy oil from the Liaohe Basin,NE China [J]. Journal of Petroleum Science & Engineering,2010,71(1):30-36.

［17］ MOHAMMED R F,MEYERS K O,WEISBROD K R. Thermal alteration of viscous crude oils[J]. SPE Reservoir Engineering,1990,5(3):393-401.

［18］ LAMOUREUX-VAR V,LORANT F. H_2S artificial formation as a result of steam injection for EOR:A compositional kinetic approach[J]. Society of Petroleum Engineers,2005:570-574.

［19］ LEWAN M D,SPIRO B,ILLICH H,et al. Evaluation of petroleum generation by hydrous pyrolysis experimentation and discussion[J]. Philosophical Transactions of the Royal Society of London,1985,315(1531):123-134.

［20］ ZHAO P,LI C,WANG C,et al. The mechanism of H_2S generation in the recovery of heavy oil by steamdrive[J]. Liquid Fuels Technology,2016,34(16):1452-1461.

［21］ CLARK P D,HYNE J B,TYRER J D. Chemistry of organosulphur compound types occurring in heavy oil sands:High temperature hydrolysis and thermolysis of tetrahydrothiophene in relation to steam stimulation processes[J]. Fuel,1983,62(8):959-962.

［22］ 梁文杰.重质油化学[M].东营:石油大学出版社,2000.

［23］ CLARK P D,HYNE J B. Studies on the chemical reactions of heavy oils under steam stimulation condition[J]. AOSTRA J Res,1990,6(1):29-39.

［24］ 刘永建,钟立国,蒋生健,等.水热裂解开采稠油技术研究的进展[J].燃料化学学报,2004(1):117-122.

［25］ SONG G,ZHOU T,CHENG L,et al. Aquathermolysis of conventional heavy oil with super heated-steam[J].石油科学,2009,6(3):289-293.

［26］ KAWAI H,KUMATA F. Free radical behavior in thermal cracking reaction using petroleum heavy oil and model compounds[J]. Catalysis Today,1998,43(3-4):281-289.

［27］ PAHLAVAN H,RAFIQUL I. Laboratory simulation of geochemical changes of heavy crude oils during thermal oilrecovery[J]. Journal of Petroleum Science & Engineering,1995,12(3):219-231.

［28］ LABABIDI H M S,SABTI H M,ALHUMAIDAN F S. Changes in asphaltenes during thermal cracking of residual oils[J]. Fuel,2014,117(1):59-67.

[29] CLARK P D,DOWLING N I,HYNE J B,et al. The chemistry of organosulphur compound types occurring in heavy oils:The high-temperature reaction of thiophene and tetrahydrothiophene with aqueous solutions of aluminium and first-row transition-metal cations [J]. Fuel, 1987, 66 (10): 1353-1357.

[30] KIDA Y,CARR A G,GREEN W H. Cleavage of side chains on thiophenic compounds by supercritical water treatment of crude oil quantified by two-dimensional gas chromatography with sulfur chemiluminescence detection[J]. Energy & Fuels,2014,28(10):6589-6595.

[31] 马强,林日亿,冯一波,等.稠油模型化合物水热裂解生成 H₂S 实验研究[J].石油与天然气化工, 2018,47(4):6-13,17.

[32] 刘永建,钟立国,范洪富,等.稠油的水热裂解反应及其降粘机理[J].东北石油大学学报,2002,26 (3):95-98.

[33] 吴川,雷光伦,姚传进,等.超稠油水热催化裂解反应前后性质变化[J].特种油气藏,2011,18(1): 101-104.

[34] 刘春天,刘永建,程显彪.稠油水热裂解反应中有机硫化合物的转化研究[J].石油与天然气化工, 2004,33(6):424-426.

第 8 章
超稠油过热蒸汽 SAGD 开发实践

8.1 曙一区超油藏基本情况

8.1.1 区域地质概况

曙一区区内地势低洼,一般海拔 2.6 m,全区为苇塘所覆盖。区内公路纵横交错,交通十分便利。工区四季分明,常年温度在 -25～35 ℃之间。每年 11 月下旬至次年 3 月为冰冻期,冰冻深度为 1.0 m 左右;7～8 月为雨量集中期,平均降雨量为 600 mm,属半温暖、半潮湿性气候。

曙一区构造上位于辽河盆地西部凹陷西部斜坡带中段,东邻曙二、三区,西部为欢喜岭油田齐 108 块,南部为齐家潜山油田,北靠西部突起(图 8-1-1),构造面积约为 40 km²。沉积基底为中上元古界(P_t)变余石英岩夹薄层深灰色板岩,其上为新生界断陷湖盆形成后沉积的一套以陆源碎屑为主的半深湖—滨浅湖相砂泥岩互层沉积体和陆上冲积扇沉积。

曙一区超稠油累积探明含油面积为 23.6 km²,探明石油地质储量为 18 308×10⁴ t。杜 84 块累积探明含油面积为 5.6 km²,探明石油地质储量为 8 309×10⁴ t。油藏埋深为550～1 150 m,目的层包括沙三上段、沙一＋二段、东营组和馆陶组 4 套地层,这 4 套地层属于不同沉积类型,且均以角度不整合接触。沙一＋二段和沙三上段两套地层合称为兴隆台油层,沙一＋二段可进一步划分为 5 个油层组,即兴Ⅰ～兴Ⅴ组,沙三上段为兴Ⅵ组;馆陶组地层称为馆陶油层(图 8-1-2)。

截至 2011 年底,曙一区超稠油区域内各类完钻井有 2 500 余口,超稠油取芯井有 31口,取芯进尺为 2 984.82 m,芯长 2 333.87 m,岩芯收获率为 78.2%。其中系统冷冻取芯井 13 口(兴隆台 11 口、馆陶 2 口)。

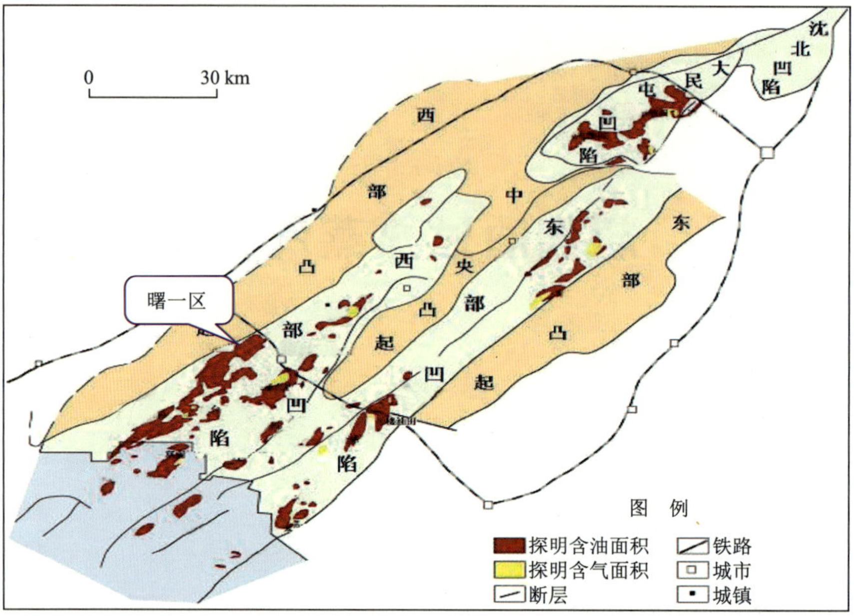

图 8-1-1　曙一区构造位置图

8.1.2　油田地质特征

8.1.2.1　地层层序与层组划分

1）含油目的层为兴隆台和馆陶油层

杜 84 块完钻井目前所揭露的地层自下而上为：中上元古界、下第三系沙河街组的沙四段、沙三段、沙一十二段，上第三系馆陶组、明化镇组和第四系平原组地层。

中上元古界：岩性主要为灰白、浅灰色变余石英岩夹薄层深灰色板岩，多数井未钻到，钻遇井揭露厚度最大为 430 m。

沙四段（厚 150～350 m）：分上下两部分，上部为杜家台油层，一般岩性为棕褐色砂岩、砂砾岩与灰色泥岩互层，特殊岩性是该段顶部发育钙质页岩、油页岩和灰色泥岩；下部高升油层在该区不发育。沙四地层中主要化石有光滑南星介、美星介、柳桥土星介等。

沙三段（厚 150～300 m）：岩性主要为灰色、深灰色泥岩和块状砂砾岩。该段上部为本次研究的目的层之一，即兴Ⅵ组油层。沙三段化石主要为中国华北介、单刺华北介、惠东华北介、光滑渤海藻、粒面渤海藻等。

沙一十二段（厚 30～50 m）：岩性主要为块状砂砾岩、含砾砂岩、不等粒砂岩夹浅灰、绿灰色泥岩。该段沉积受古地形控制，形成了自东向西超覆式沉积，与下伏沙三段呈不整合接触。该段化石主要以金星介科小个体组合为主。该段地层是本次研究的主要目的层，即兴隆台油层的兴Ⅰ～兴Ⅳ组。

自然电位 −[10 mV]+	地层			油层 组	厚度 /m	深度 /m	岩性剖面	视电阻率 /(Ω·m⁻¹) —100— —60— —18—	沉积相
	系	组	段						
	上 第 三 系	馆 陶 组			150	700			湿 地 扇
	下 第 三 系	东 营 组			120	800			三 角 洲
		沙 一 河 街 组	沙 一 + 二 段	兴 Ⅰ 组	30~45	900			扇 三 角 洲
				兴 Ⅱ 组	35~40				
				兴 Ⅲ 组	35~40	1 000			
				兴 Ⅳ 组	45~50				
				兴 Ⅴ 组	20~30				
			沙 三 段	兴 Ⅵ 组	150~300	1 100			水 下 扇

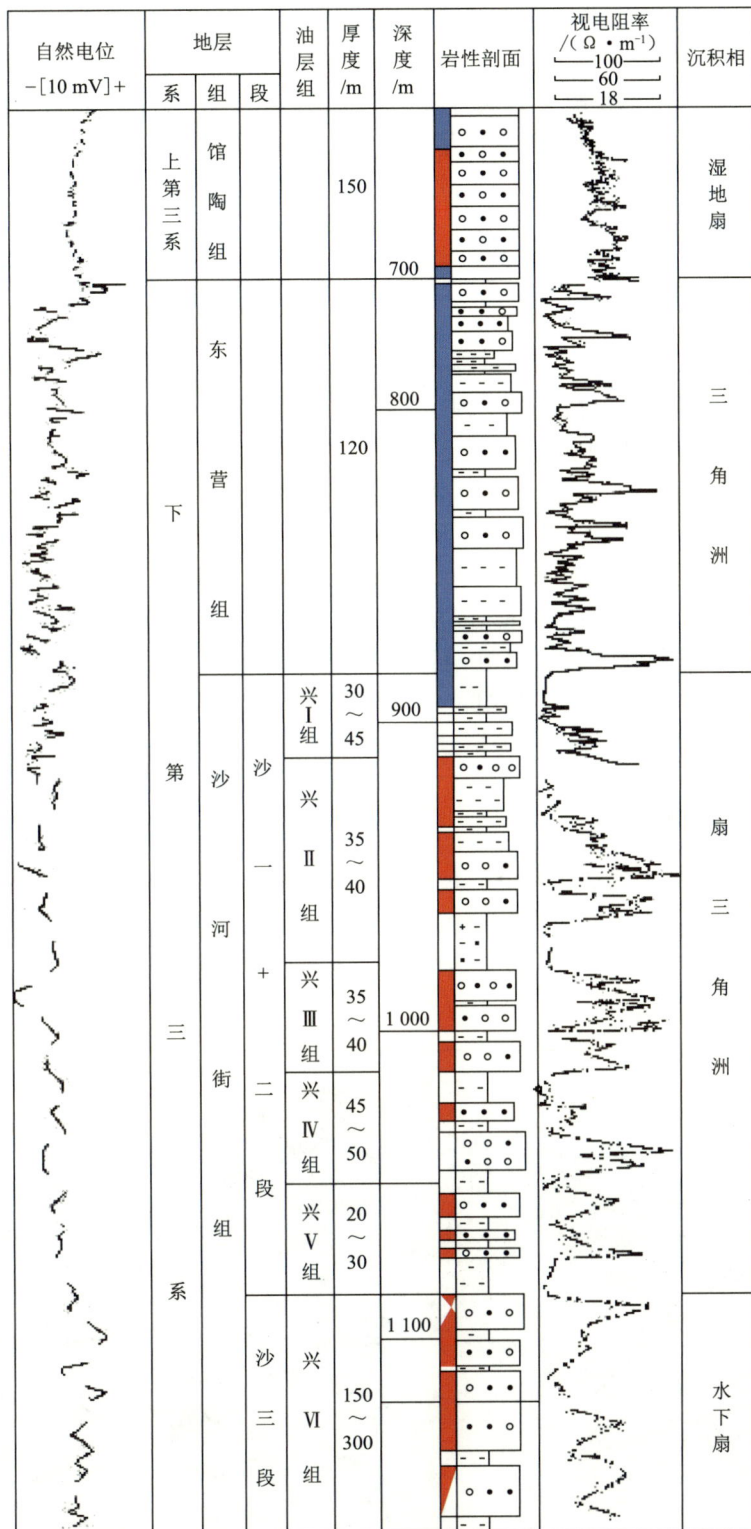

图 8-1-2　曙一区油层综合柱状图

馆陶组（厚 150 m）：岩性主要为砂砾岩、砾岩、中粗砂岩和细砂岩，呈不等厚互层，是由多个正旋回组成的，旋回下部较粗，为岩性混杂的砾岩、砂砾岩和砾状砂岩，砾石成分复杂，主要有花岗岩块、中酸性喷发岩块等；旋回上部岩性较细，为中粗砂岩和细砂岩。该段地层发育特点明显受古地形控制，形成了充填式沉积。与下伏地层呈不整合接触。

明化镇组（厚 200～300 m）：上部岩性为灰白色砂砾岩夹绿灰色泥岩，下部岩性为绿灰色泥岩夹灰白色块状砂砾岩。

平原组（厚 200～370 m）：岩性为棕色、棕黄色黏土与灰白色细砂、含砾中细砂互层，未成岩。

2）含油目的层标志层清楚、层组划分清晰

曙一区超稠油目的层包括沙三上段、沙一＋二段和馆陶组 3 套地层，这 3 套地层属于不同沉积类型，且均以角度不整合接触。沙一＋二段和沙三上段两套地层砂体十分发育，纵向上相互接触，属同一油水压力系统，因此将其合称为兴隆台油层。

该区纵向上发育比较稳定的标志层有 2 个，兴 I 组顶底厚度 15 m 左右稳定的泥岩段在标志层控制下以沉积旋回为基础。考虑曙一区整体的一致性、沉积演变的连续性和成因的同一性，同时考虑岩性组合特征、隔层发育及平面分布的稳定性、油水关系等方面，将兴隆台油层自上而下分为 6 个油层组，其中沙一、二段分为 5 个油层组，即兴 I、兴 II、兴 III、兴 IV 和兴 V 组；沙三上段为兴 VI 组。馆陶油层为一套砂砾岩体，内部基本不发育泥岩夹层，因此馆陶油层内部没有进一步划分油层组，仅根据沉积旋回划分了 5 个砂岩组。

8.1.2.2 整体构造

杜 84 块兴隆台油层构造是在西斜坡的背景下受杜 32 断层的牵引作用而形成的一个地层向南东倾斜的单斜构造，地层倾角一般为 2°～4°，东南地层倾角最陡处约为 7°（图 8-1-3）。块内共发育断层 8 条，其中三级断层 3 条，四级断层 5 条（表 8-1-1）。按断层走向可划分为两组断裂系统。

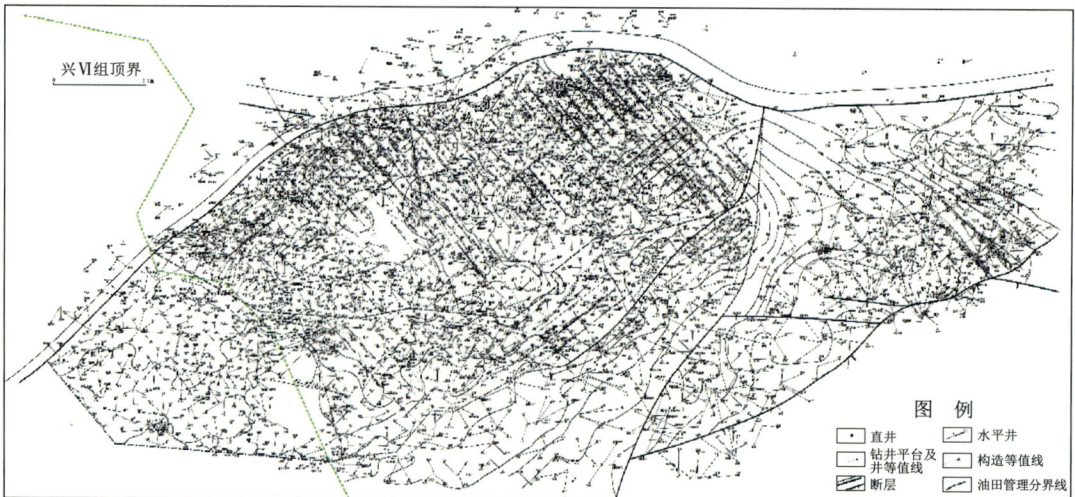

图 8-1-3 曙一区杜 84 块兴隆台油层构造图

东西(EW)向断层共有 4 条。具有代表性的是杜 32 断层,它控制了全区兴隆台地层沉积、构造格架及油水分布。杜 32 断层上升盘的北部地区,馆陶组地层直接与沙三中地层接触,缺 S_{1+2} 和 S_3 上地层,而断层的下降盘兴隆台油层非常发育。曙 1-32-54 断层和杜 84 断层对油、水分布有一定的控制作用。

北东(NE)向断层共有 4 条。该组断层除西侧杜 115 断层和东侧杜 155 断层对兴隆台油层沉积及油水分布有明显的控制作用外,杜 74 断层、曙 1-35-40 断层及曙 1-34-52 断层只控制油水分布,使构造形态进一步复杂化。

表 8-1-1　曙一区兴隆台油层断层要素表

序号	断层名称	发育时期	断距/m	走向	倾向	倾角/(°)	延伸长度/km	钻遇井数/口	级别	作用
1	杜 32	$S_4 \sim d_末$	100～350	EW	S	40～75	>7	>50	Ⅲ	控制沉积
2	杜 79	$S_4 \sim d_末$	80～150	NNE	SEE	70	>6	6	Ⅲ	控制沉积
3	杜 115	$S_4 \sim d_末$	80～100	NE	SE	70	>5	9	Ⅲ	控制沉积
4	杜 155	$d_末$	20～30	NE	SE	75	>5	7	Ⅳ	控制油水
5	杜 74	$d_末$	30～50	NE	SE	50～65	2	3	Ⅳ	控制油水
6	曙 1-35-40	$d_末$	40～60	NE	SE	50～65	2.5	11	Ⅳ	控制油水
7	曙 1-34-52	$d_末$	25～40	NW	NE	65	0.8	1	Ⅳ	控制油水
8	杜 65	$d_末$	30～50	NEE	S	65	>3	2	Ⅳ	控制油水
9	杜 414	$d_末$	20	NEE	NE	75	2.5	1	Ⅳ	控制油水
10	杜 406	$d_末$	25	EW	S	75	1.5	1	Ⅳ	控制油水
11	曙 1-32-54	$d_末$	15～20	EW	S	75	1	1		
12	杜 84	$d_末$	15～25	EW	S	65～75	1.5	2		

馆陶油层构造比较单一,目前块内未发现断层。馆陶底面为南东倾斜的单斜构造,倾角为 2°～3°,与下伏地层呈不整合接触。

8.1.2.3　储集层特征

(1) 兴隆台油层早期为湖底扇沉积,晚期为扇三角洲沉积,馆陶组为冲积扇沉积。

辽河盆地是沿郯-庐深大断裂带形成的中、新生代大陆裂谷型断陷盆地。盆地形成起始于晚中生代,发育过程中最活跃的时期是早第三纪,它经历了张裂、深陷、收敛和萎缩 4 个时期。S_3 上地层(兴Ⅵ组)处于深陷后期,构造运动异常活跃,水体较深,水动力也较强,形成了湖底扇重力流沉积(图 8-1-4,图 8-1-5);S_{1+2}(兴Ⅰ～Ⅳ组)处于收敛期,是在沙三末期长期抬升遭受剥蚀的复杂古地理条件下形成的沉积,受杜 32 同生断层的影响,该断层以北为碎屑物的供给区,物源近,碎屑物供给充足,形成了中、厚层甚至块状辫状河道砂为骨架的扇三角洲沉积体系(图 8-1-6,图 8-1-7)。馆陶组地层是在晚第三纪早期,在经历了长期的沉积间断、凹陷夷平过程后形成的一套以粗碎屑为主的湿型冲积扇相沉积体。湿型冲积扇进一步划分为扇根、扇中和扇端 3 部分。杜 84 块馆陶油层位于扇中亚相(图 8-1-8)。

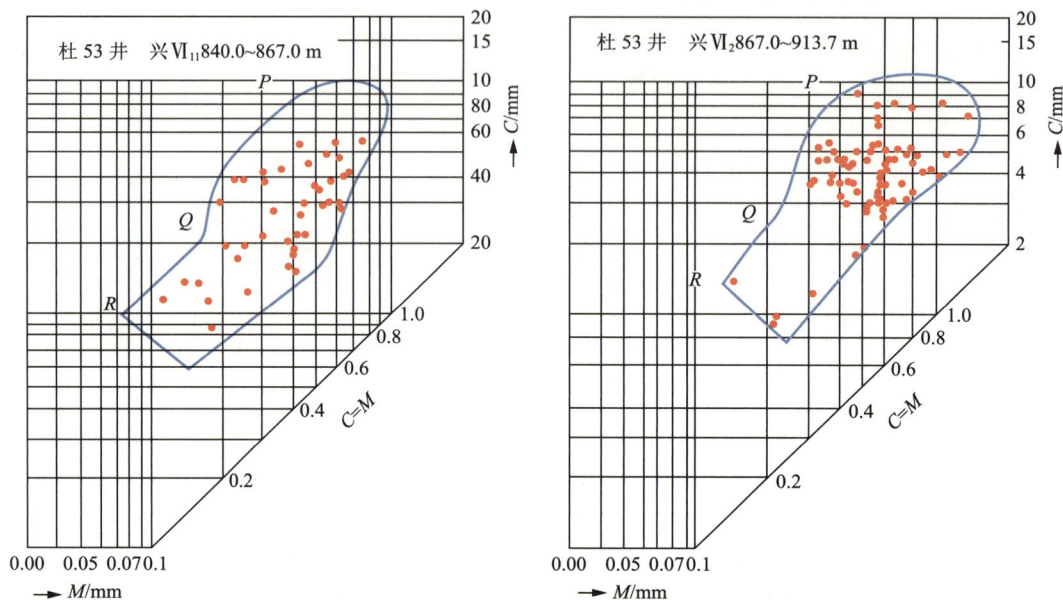

图 8-1-4　曙一区杜 53 块兴 VI 组典型 C-M 图
C—曲线上颗粒含量 1% 对应的粒径;M—颗粒含量 50% 对应的粒径

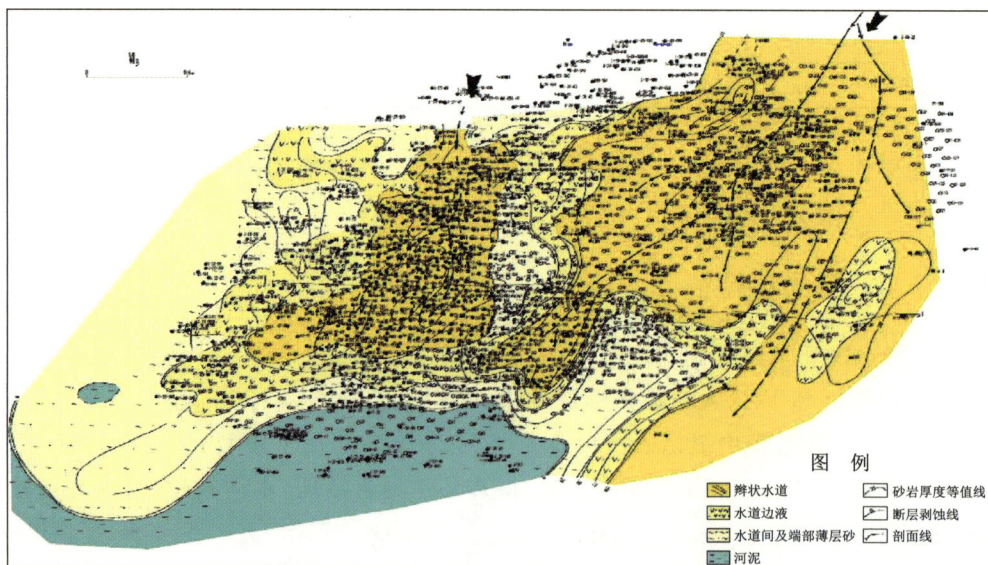

图 8-1-5　曙一区杜 84 块兴 VI 组湖底扇沉积体系图

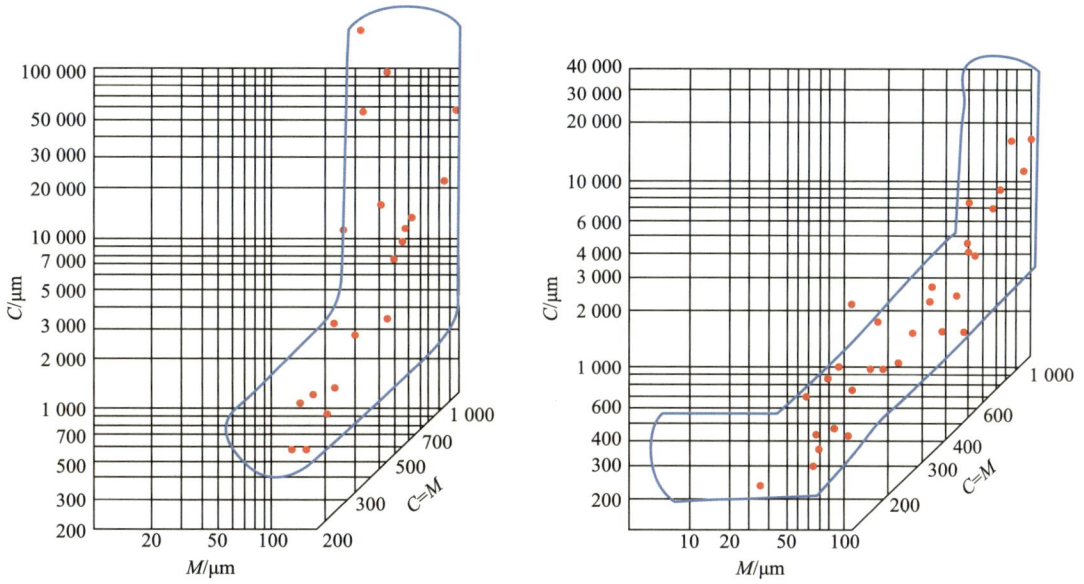

图 8-1-6　曙一区杜 84 块 S$_{1+2}$段(兴Ⅰ~兴Ⅳ组)组典型 C-M 图

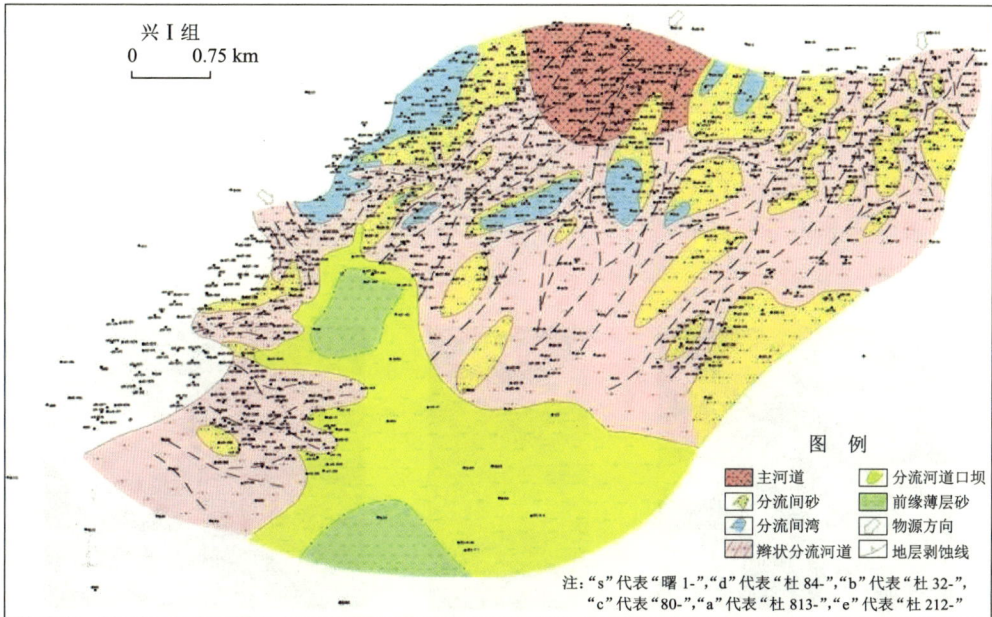

注:"s"代表"曙 1-","d"代表"杜 84-","b"代表"杜 32-",
"c"代表"80-","a"代表"杜 813-","e"代表"杜 212-"

图 8-1-7　曙一区杜 84 块兴Ⅰ组湖底扇三角洲沉积体系图

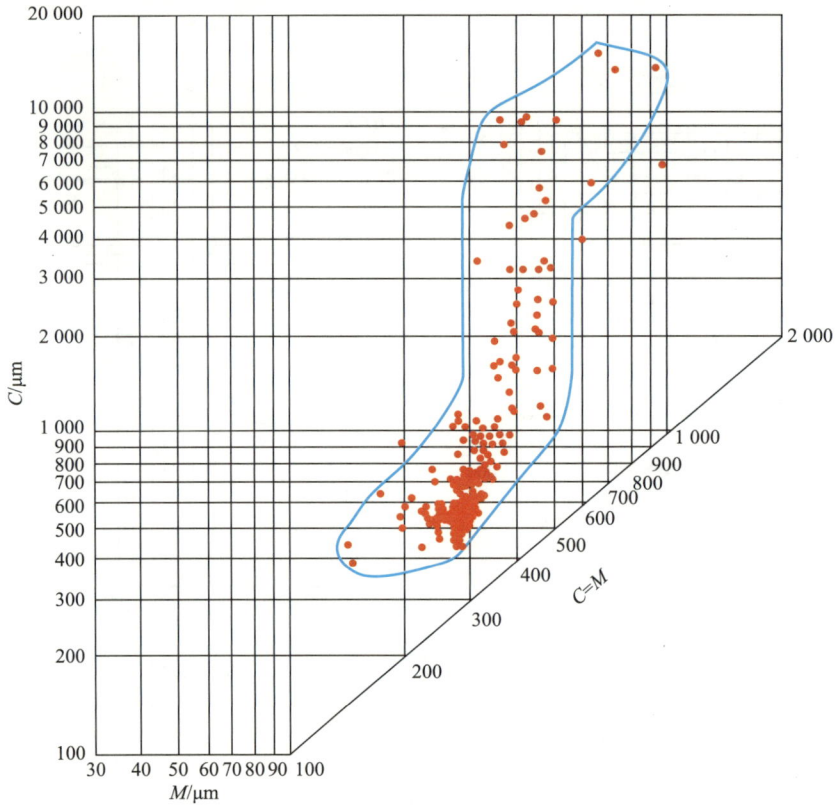

图 8-1-8　曙一区杜 84 块馆陶组典型 C-M 图

（2）岩石类型以砂砾岩为主，结构成熟度和成分成熟度相对较低。

杜 84 块兴隆台油层岩性主要为不等粒砂岩和中、细砂岩，其次为砂砾岩、砾岩、含砾砂岩和粉砂岩等（图 8-1-9）。兴 I 组粒度中值为 0.34 mm，兴 VI 组为 0.47 mm。馆陶油层主要为中粗砂岩和不等粒砂岩，其次为砾岩、砾状砂岩和细砂岩等（图 8-1-9），粒度中值平均为 0.42 mm。

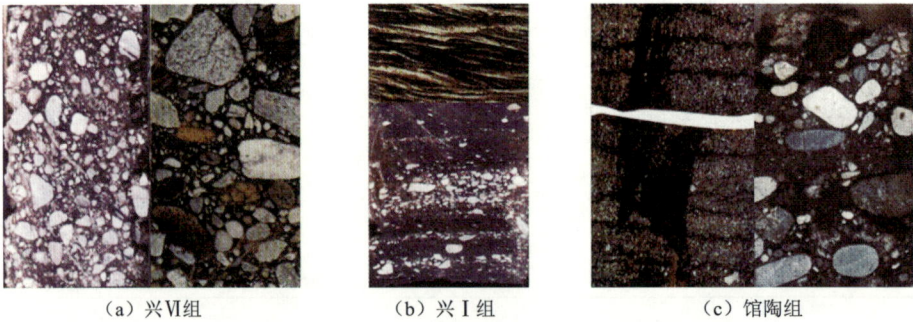

（a）兴 VI 组　　　　（b）兴 I 组　　　　（c）馆陶组

图 8-1-9　曙一区杜 84 块兴隆台及馆陶油层岩芯相片

杜 84 块兴隆台油层以长石岩屑砂岩和岩屑砂岩为主，岩石成分中石英占 37.0%，长石占 27.4%,岩屑占 28.4%。颗粒磨圆度较差,以次尖—次圆为主,颗粒间呈点接触,泥质胶结,胶结类型以接触式、孔隙—接触式和孔隙式居多。馆陶油层以长石砂岩为主,岩石成分中石英占 41.6%,长石占 33.3%,岩屑占 19.2%。颗粒磨圆差,以棱角—次棱为主,颗粒间呈点接触,泥质胶结,胶结类型以接触式和孔隙式居多。

(3)两套含油层均为高孔、高渗储层。

杜 84 块兴隆台油层为埋藏浅、成岩性差、岩石结构疏松的低成熟度储层,孔隙以粒间孔为主[图 8-1-10(a)和(b)],因此储层物性条件比较好。该块兴隆台油层为高孔隙度、高渗透率的储层,兴Ⅰ组孔隙度为 30.3%(图 8-1-11),渗透率为 $2.277×10^3$ mD(图 8-1-12),兴Ⅵ组孔隙度为 26.6%,渗透率为 $1.062×10^3$ mD。

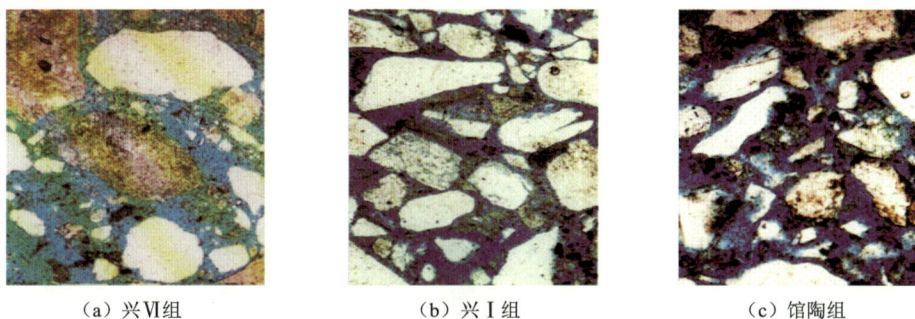

(a)兴Ⅵ组　　　　　　　(b)兴Ⅰ组　　　　　　　(c)馆陶组

图 8-1-10　曙一区杜 84 块兴隆台及馆陶油层铸体薄片图

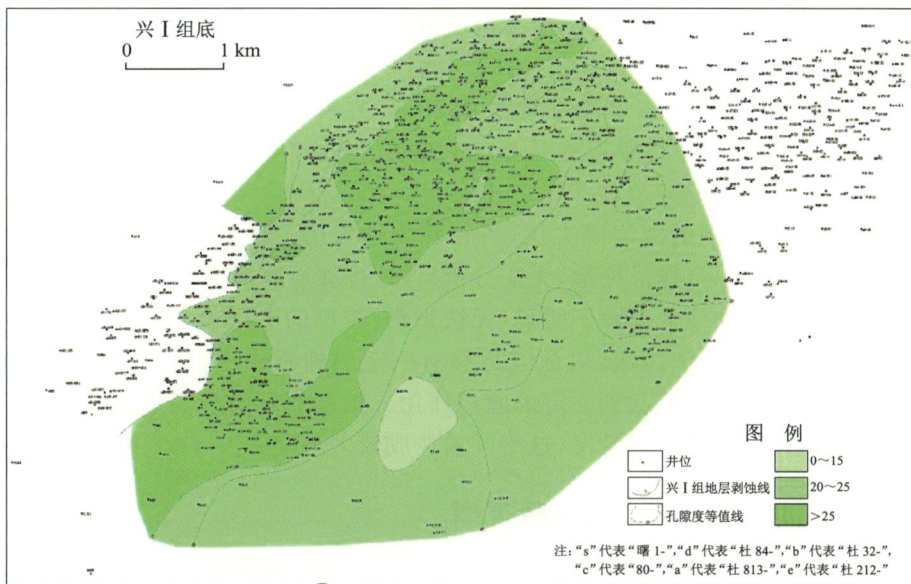

图 例
· 井位　　　　　 0~15
　 兴Ⅰ组地层剥蚀线　 20~25
　 孔隙度等值线　　　 >25

注:"s"代表"曙 1-","d"代表"杜 84-","b"代表"杜 32-",
"c"代表"80-","a"代表"杜 813-","e"代表"杜 212-"

图 8-1-11　曙一区杜 84 块兴Ⅰ组孔隙度等值图

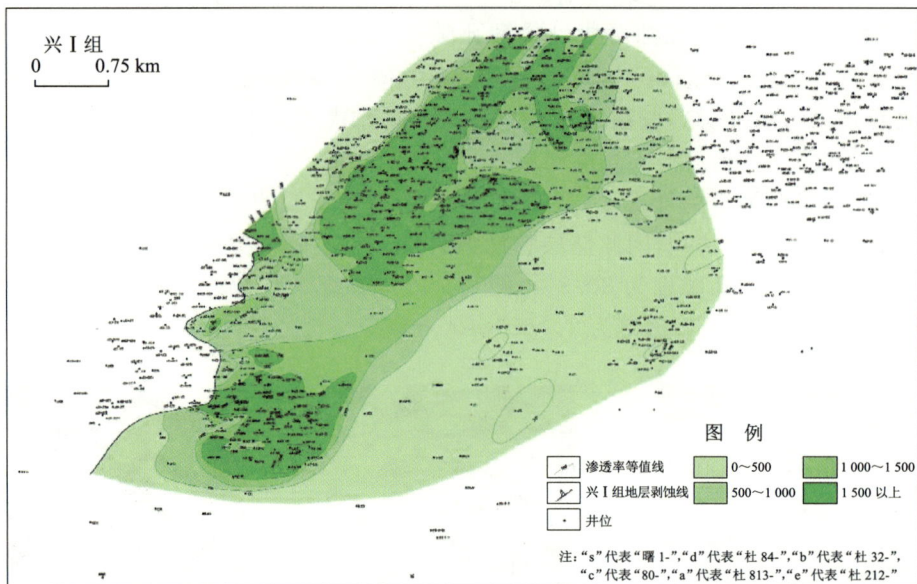

图 8-1-12　曙一区杜 84 块兴Ⅰ组渗透率等值图

8.1.2.4　隔层分布特征

馆陶油层与兴Ⅰ组间隔层:厚度一般在 2～10 m 之间,平均为 7.2 m。该区南部隔层较薄,在曙 1-28-48 及 28-44 井等局部地区出现馆陶油层直接覆盖在兴隆台油层之上,隔层为 0 m 的开"天窗"现象。

兴Ⅰ组与兴Ⅱ组之间隔层厚度平均为 4.25 m,在杜 84-68-66 井附近存在开"天窗"现象;兴Ⅵ组与 S_{1+2} 之间隔层厚度变化较大,最厚达 81.1 m(曙 1-35-0336 井),平均为 6.5 m。

馆陶油层内部没有纯的泥岩隔夹层,只存在物性夹层。这种物性夹层一般是泥质较高的泥石流成因的砂砾岩(样品松散,无法分析)。这种夹层厚薄不均,一般在 0.2～2.0 m 之间,薄的夹层在电测曲线上反映不明显,无法识别;较厚的夹层表现为低电阻率、低时差的特点。物性夹层一般为油斑级,对油气运移有一定的抑制作用,但不起遮挡作用;部分区域隔夹层较厚,对油气运移起到一定的遮挡作用。馆陶油层与顶底水直接接触,尤其是顶水普遍存在、底水局部发育的情况,这给开发造成较大难度。

8.1.2.5　油水分布特点及油藏类型

(1) 油层厚度大、净总厚度比大。

该块兴隆台油层发育较好,平面上大面积连片分布。兴Ⅵ组油层单井厚度平均为 33.7 m,主要发育在杜 84 断层以北(图 8-1-13);兴Ⅰ组单井油层厚度平均为 14.2 m,主要分布在西北部,东南部因处于构造低部位,油层不发育,以水层为主(图 8-1-14)。

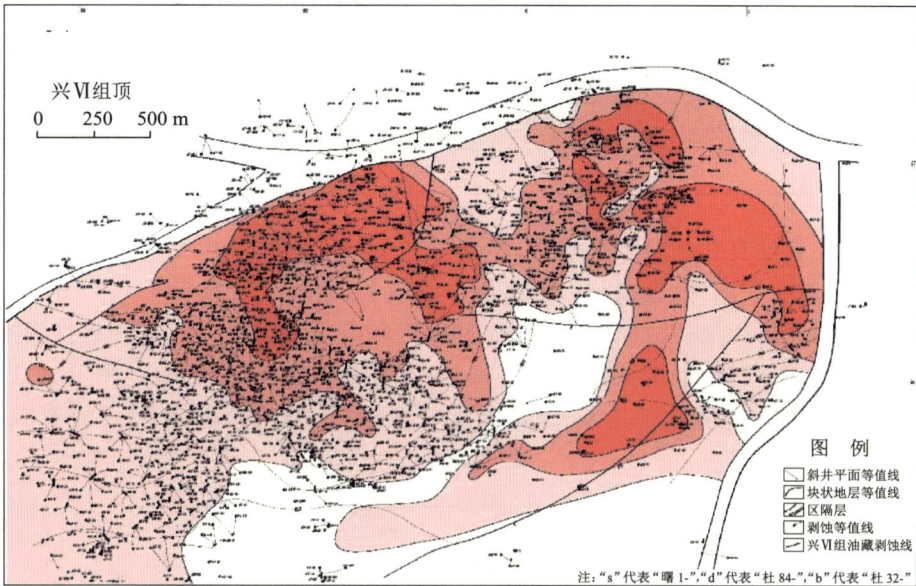

图 8-1-13 曙一区杜 84 块兴 I 组油层厚度图

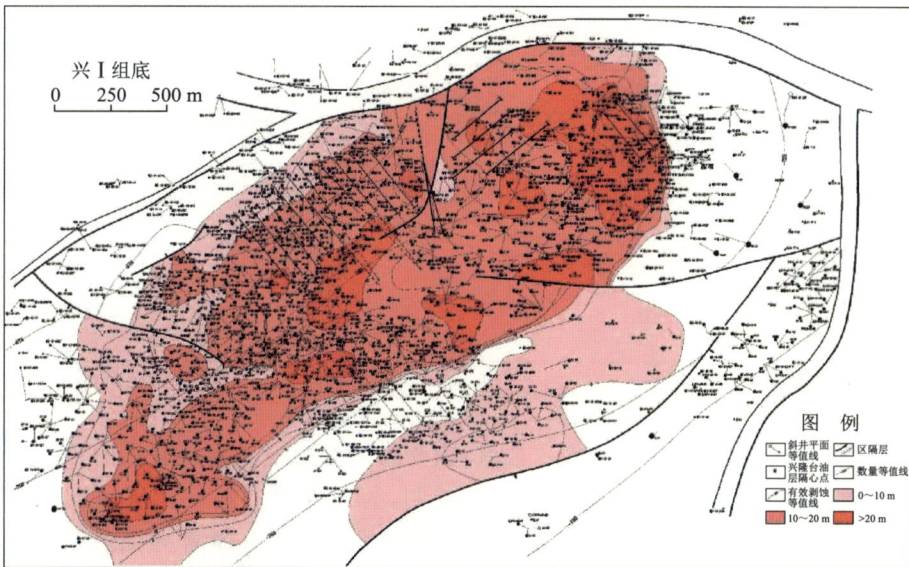

图 8-1-14 曙一区杜 84 块兴 I 组油层厚度图

兴 I 组和 VI 组油层单层厚度大,以块状为主(表 8-1-2),兴 I 组单层平均厚度 6.8 m,其中单层有效厚度 $h \geqslant 10$ m 的占 63.6%;兴 VI 组单层平均厚度 10.4 m,单层有效厚度 $h \geqslant$ 10 m 的占 74.9%。

表 8-1-2 杜 84 块兴Ⅰ和Ⅵ组油层有效厚度分类统计

层　位	单层平均厚度/m	单层有效厚度分类比例/%				单井平均厚度/m	净总厚度比例/%
		$h<2$ m	2 m$\leq h<$5 m	5 m$\leq h<$10 m	$h\geq$10 m		
Ⅰ	6.8	4.5	12.1	19.8	63.6	14.2	87.4
Ⅵ	10.4	2.6	8.6	13.9	74.9	33.7	81.9

馆陶油层主要发育在该块南部地区,即曙一区 34 排井和 28 排井之间,平面上呈椭圆形,油层由中部向四周减薄,直接与边水接触。纵向上,油顶埋深为 530~640 m,油层和顶水之间没有纯的泥岩隔层;北部杜 84-64-64 井附近和南部曙 1-30-143 井附近发育底水,整个油层在空间形态上近似呈馒头状。曙 1-31-0149 井附近油层最厚,单井解释油层厚度最大达 151.5 m,有效厚度为 136.6 m;边部油层较薄,最小为 7.2 m;平均油层有效厚度为 78.6 m(图 8-1-15)。

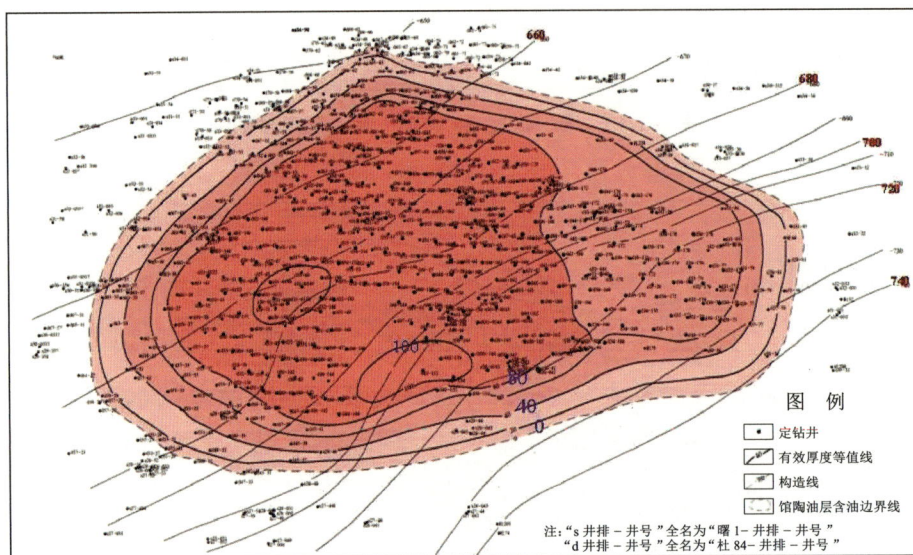

图 8-1-15 曙一区杜 84 块馆陶组油层厚度图

(2)兴隆台油层为厚层块状边底水油藏、馆陶组为厚层块状边顶底水油藏。

兴隆台油层油水界面主要受构造和岩性控制,为岩性构造油藏。从油水纵向分异特点分析,兴Ⅰ~Ⅳ组是边水油藏,兴Ⅵ组为底水油藏,兴Ⅵ组油水界面一般为-860~-790 m。

馆陶油层的顶部和四周被水包围,底部在南部的曙 1-30-143 井和北部的杜 84-64-64 井附近发育底水。因此,馆陶油层为边顶水油藏(图 8-1-16)。

8.1.2.6 流体性质

(1)原油性质为超稠油。

该块兴隆台油层原油物性:20 ℃时的平均密度为 1.005 g/cm³,50 ℃时的黏度为

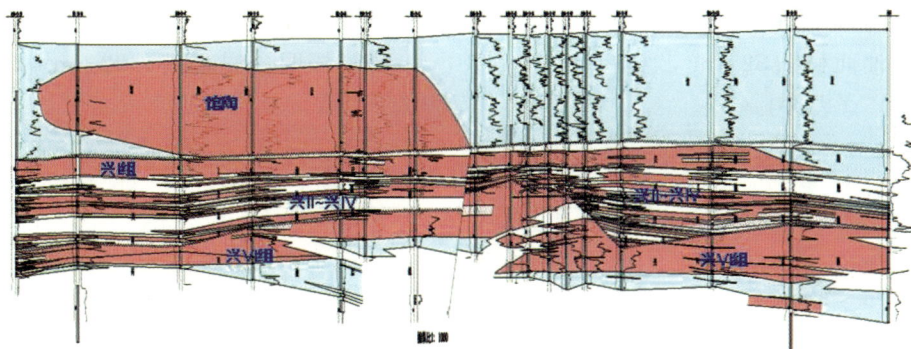

图 8-1-16　曙一区杜 84 块杜 84-51-29 井—杜 89 井油藏剖面图

13.51×10⁴ mPa·s,胶质＋沥青质含量平均为 53.22％,凝固点平均为 25.7 ℃,含蜡量平均为 2.06％。按稠油分类标准,属于超稠油。

馆陶油层原油物性:20 ℃原油密度平均为 1.007 g/cm³;50 ℃原油黏度是 231 910 mPa·s;胶质＋沥青质含量高,为 52.9％;凝固点为 27 ℃;含蜡量为 2.44％。按稠油分类标准,属于超稠油。

(2) 地层水性质为 NaHCO₃型。

该块兴隆台油层水型属 NaHCO₃型,总矿化度为 1 957 mg/L,总硬度为 5 mg/L,Cl⁻含量为 390 mg/L,Na⁺＋K⁺含量为 612 mg/L。

馆陶油层水型属 NaHCO₃型,总矿化度为 2 112.2 mg/L,总硬度为 207.9 mg/L,Cl⁻含量为 128.5 mg/L,Na⁺＋K⁺含量为 516.2 mg/L。

8.1.2.7　地层压力和温度

杜 84 块压力系数为 0.98,地温梯度为 3.3 ℃/(100 m)。兴隆台油层深－750 m 时,压力为 7.35 MPa,地层温度为 34.7 ℃;馆陶油层深－600 m 时,压力为 5.88 MPa,地层温度为 29.6 ℃。

8.1.2.8　储量计算

杜 84 块 1990 年上报探明兴隆台油层含油面积 6.2 km²,地质储量 5 647×10⁴ t。其中,S₁₊₂含油面积为 5.9 km²,地质储量为 2 914×10⁴ t;S₃上地层含油面积为 5.6 km²,地质储量为 2 733×10⁴ t(表 8-1-3)。

表 8-1-3　兴隆台油层储量计算表

层　位		含油面积/km²	有效厚度/m	有效孔隙度/%	原始含油饱和度/%	地层原油密度/(g·cm⁻³)	原油地层体积系数	地质储量/(10⁴ t)
兴隆台	S₁₊₂	5.9	27.8	27	66	1.012	1.015	2 914
	S₃上	5.6	31.2	25	63	1.008	1.015	2 733
	合　计	6.2	54.6	26	64.5	1.010	1.015	5 647

1989 年上报探明馆陶油层含油面积 1.4 km², 地质储量 1 970×10⁴ t; 2003 年向西南扩大了含油面积 0.52 km², 地质储量 656×10⁴ t。合计探明含油面积 1.92 km², 地质储量 2 626×10⁴ t(表 8-1-4)。

表 8-1-4　馆陶油层储量计算表

时　间	含油面积 /km²	有效厚度 /m	有效孔隙度 /%	原始含油饱和度/%	地层原油密度 /(g·cm⁻³)	原油地层体积系数	地质储量 /(10⁴ t)
1989 年	1.4	77.8	30	60	1.007	1.002	1 970
2003 年	0.52	56.9	31	71	1.009	1.002	656
合　计	1.92	—	—	—	—	—	2 626

8.1.3　勘探开发历程

曙一区超稠油于 20 世纪 80 年代进行蒸汽吞吐试采,已证实具有良好的产油能力,但受当时对超稠油蒸汽吞吐生产规律认识及工艺条件的限制,蒸汽吞吐试采没有取得实质性进展。20 世纪 90 年代中期,通过开展多项试验,攻克了超稠油加热中入泵、举升等一系列工艺难关,认识了超稠油产能及吞吐生产规律,超稠油蒸汽吞吐试采获得了成功,1998年开始按照边认识、边评价、边部署、边开发的滚动开发原则陆续投入蒸汽吞吐开发。超稠油开发及技术发展历程大体归纳为以下 4 个阶段。

8.1.3.1　先导试验阶段(1983—1996 年)

20 世纪 80 年代中、后期,针对超稠油油藏开发,辽河油田与加拿大联合开展了"曙一区兴隆台油层超稠油开发可行性研究",对部分井进行重点取芯及蒸汽吞吐先导试验。由于当时对超稠油蒸汽吞吐生产规律缺乏认识,工艺技术不配套,蒸汽吞吐先导试验进展缓慢。1983—1993 年相继利用曙 1-36-234 等 7 口井对兴隆台油层进行了蒸汽吞吐试采,仅曙 1-36-234 井试验成功,第一周期生产 46 d,平均日产油量为 24.7 t/d,周期累计产油 1 137 t,累计产水 173 t,证实曙一区超稠油具有良好的产油能力。

在对产能有了初步认识的条件下,大力开展了配套工艺技术研究,为蒸汽吞吐试验取得成功奠定了基础。

8.1.3.2　扩大试验阶段(1996—1998 年)

1996—1998 年主要在试采产能较高的杜 84 块开展了 5 项试验:一是 1996 年在曙 1-35-40 井东部部署了一对双水平井并开展 SAGD 试验;二是 1996 年在曙 1-35-40 井西部采用 70 m 井距部署了 15 口直井并进行蒸汽驱试验;三是 1996 年在该块东部采用 50 m 井距部署了 9 口直井,准备开展火烧驱试验;四是 1997 年在曙 1-35-40 井和 34-550 井之间进行直井蒸汽吞吐扩大试验,划分两套开发层系,采用 70 m 井距部署了 172 口直井;五是在火烧驱井组附近采用 70 m 井距部署了 10 口水平井并进行蒸汽吞吐试验。随着对超稠油开发机理研究的不断深入，认识到蒸汽驱、火烧驱不适合超稠油的开发，因此两项试验仅进行到蒸汽吞吐阶段，未开展蒸汽驱、火烧驱试验；SAGD 试验由于不具备工艺技术条件，试验失败；直井与水平井的蒸汽吞吐试验均取得成功。当年完钻各类井 203 口，年产油 26.6×10⁴ t。1997 年 6 月在杜 32 断块区的杜 229 井开展了蒸汽吞吐试采，同年 9 月又对杜 813 块的曙 1-7-02 井进行了蒸汽吞吐试采，均获得了较好的效果。

该阶段通过室内实验研究、专题研究和矿场试验，总结出了超稠油合理射孔原则、注汽工艺、排液、防排砂等蒸汽吞吐系列技术，获得了良好的效果，1998 年年产油 32.64×10⁴ t，至此拉开了超稠油产能建设的序幕。

8.1.3.3　开发建设阶段(1999—2005 年)

随着对曙一区超稠油储量及产能的落实，在超稠油主体部位蒸汽吞吐试验取得较好效果的情况下，1999 年开始陆续编制了杜 84 井区兴隆台油层及馆陶油层布井方案、杜 32 断块区兴隆台油层的开发方案和杜 813、杜 212 井区的油藏评价方案。在这些方案的指导下，通过对超稠油进行系统评价，使开采技术在蒸汽吞吐参数优化、分选注、组合式吞吐、综合防治砂和水平井开发等方面取得进一步的完善，成功地实现了超稠油的规模开发。经过 4 年的产能建设，在曙一区超稠油主体部位杜 229、杜 84 块完钻开发井 861 口，建产能 177×10⁴ t，2002 年曙一区超稠油年产油量达 200×10⁴ t/a 以上。

自 2003 年后，曙一区超稠油主体部位产能建设基本完成，开始对油层总体厚度薄、单层厚度小、油水关系复杂的边部开展产能续建工作。三年来在边部完钻直井 599 口，建产能 86.4×10⁴ t。特殊的油品性质造成蒸汽吞吐开发产量递减快，年递减率在 20% 左右，仅靠边部的产能续建工作难以维持超稠油产量的稳定，老区随着吞吐轮次的增加，周期产量递减，油汽比降低，进一步提高蒸汽吞吐采收率和转换超稠油开发方式迫在眉睫。

这期间重点发展和攻关的技术有组合式蒸汽吞吐技术、水平井吞吐技术以及蒸汽辅助重力泄油(SAGD)开采技术，其中组合式蒸汽吞吐技术、水平井吞吐技术取得了较好效果，SAGD 技术展现了良好的前景。

组合式蒸汽吞吐技术能有效补充地层能量，改善井组的温度场、压力场分布，提高油层热利用率，改善开发效果，可延长 3 个吞吐周期，提高采收率 6%。

杜 84 井区东部早期试验水平井在第四、五周期经注采参数优化后，吞吐效果得到明显改善，水平井蒸汽吞吐技术取得突破性进展。兼顾水平井蒸汽吞吐和后期转 SAGD 开发，在杜 84 块兴Ⅰ组采用水平井整体开发，已完钻水平井 35 口，馆陶和兴Ⅵ组油层在直井井间油层下部加密水平井，已完钻水平井 66 口，共建产能 36.4×10⁴ t，水平井先蒸汽吞吐开发后转 SAGD 开发，水平井加密在蒸汽吞吐阶段可以提高采收率 4%。将组合式蒸汽吞吐及加密水平井蒸汽吞吐技术应用于老区的深化开发，可以保证超稠油产量的稳定。

在总结前期双水平井 SAGD 试验失败教训，加强 SAGD 理论研究与调研的基础上，认识到杜 84 块馆陶、兴Ⅰ和兴Ⅵ油层开发非常适合采用 SAGD 技术。2003 年，与加拿大重油国际公司合作，在杜 84 井区馆陶油层和兴Ⅵ组开展了直井与水平井组合的蒸汽辅助重力泄油研究，在馆陶和兴Ⅵ组油层分别开展 4 个井组的直井、水平井组合 SAGD 先导试验,为超稠油开发方式转换和提高采收率提供依据。

2005 年 2 月,SAGD 先导试验区首先在馆陶油层进入现场实施,井网组合方式采用直井与水平井组合,同年 10 月 4 个井组全部转入 SAGD 开发;2006 年 9 月,兴Ⅵ组 SAGD 先导试验区 4 个井组相继转入 SAGD 开发。至此,杜 84 块 SAGD 先导试验区 8 个井组全部转入 SAGD 开发。先导试验区井组转入 SAGD 开发后井组日产油水平有大幅上升,先导试验区取得成功。2006 年 10 月,中国石油天然气股份有限公司勘探与生产分公司组织验收专家组对该项目进行验收,认为先导试验已圆满完成各项试验任务,各项指标达到方案设计要求。2006 年底,馆陶先导试验区 4 个井组日注汽量为 810 t/d,日产液量为 965.1 t/d,日产油量为 242.2 t/d,瞬时油汽比为 0.3,瞬时采注比为 1.2,单井日产油水平最高达 84 t/d。

8.1.3.4　产能续建及老区深化开发阶段(2006 年—目前)

随着蒸汽吞吐开发进入后期,蒸汽吞吐方式开发矛盾逐渐突出,主要表现为周期生产时间短、周期产油量低、油汽比低、采收率低,曙一区超稠油年产量递减迅速,2007 年全区年产油 207×10⁴ t,2008 年年产油下降至 194×10⁴ t,年递减率为 6%。

面对严峻的开发形势,为实现曙一区超稠油稳产增产,提高超稠油开发水平,进一步提高采收率,在 SAGD 先导试验取得成功的基础上,开展 SAGD 工业化推广建设。2007 年,完成 SAGD 工业化一期、二期实施规划方案,方案中规划实施 119 个 SAGD 井组,地质储量为 3 717×10⁴ t,分两期工程实施,其中一期工程 48 个井组,二期工程 71 个井组,规划最高年产油 194×10⁴ t,预计转 SAGD 开发可提高采收率 35%,达到 60%,增加可采储量 1 318×10⁴ t。2006 年以来已逐步推进 SAGD 一期工程 48 个井组转入 SAGD 开发为主,逐步提高 SAGD 开发技术水平。截至 2011 年底,SAGD 一期工程 48 个井组全部转入 SAGD 开发,全年累计实现产油 57×10⁴ t,较 2010 年增产 12×10⁴ t,有力地支持了曙一区超稠油的持续稳产,对 SAGD 开发机理有了进一步的了解,同时形成 SAGD 配套工艺技术,该技术达到国际领先水平。随着 SAGD 一期工程的顺利完成,SAGD 二期 71 个井组及Ⅱ类储量开发正在稳步推进。

为了进一步提高超稠油采收率,2011 年开展了蒸汽驱及火驱先导试验,目前已取得阶段性成功,对薄层稠油蒸汽驱及厚层稠油火驱开发机理有了进一步的认识。

8.2　过热蒸汽 SAGD 油藏工程设计

8.2.1　国外调研及可行性论证

1) 油藏适应性的调研

SAGD 技术的油藏适应性(筛选标准)主要来源于各公司向加拿大政府提交的开发申请报告,通过调研 13 家公司向阿尔伯塔省能源与电力局提交的 16 个典型 SAGD 项目,归纳总结出油藏的筛选标准如下:

（1）$K_zK_h>0.3$，式中 K_h 为油藏水平渗透率，K_z 为油藏垂直渗透率；

（2）厚度大于 15.0 m；

（3）油层最低含油饱和度大于 50%，泥岩含量小于 10%，渗透率大于 500×10^3 mD；

（4）不含大面积分布的气顶；

（5）浅层油藏的底水压力应接近 SAGD 操作压力，深层油藏通过避开厚度来解决底水锥进问题。

此外，加拿大 SAGD 技术应用成功的地质特点主要是：油层深度小于 1 000 m，不含连续的泥岩夹层，平均厚度大于 20 m，孔隙度大于 20%，平均含油饱和度大于 50%，原油黏度大于 1×10^4 mPa·s。

2）布井方式的调研

目前 SAGD 开采有 3 种布井方式：第一种是双水平井方式，即在靠近油藏的底部先钻下部水平采油井，再在其正上方钻平行的注汽水平井[图 8-2-1(a)]；第二种是直井与水平井组合方式，即在油藏底部钻一口水平井，在其正上方或侧上方钻一口或几口垂直井，垂直井注汽，水平井采油[图 8-2-1(b)]；第三种是单管水平井[图 8-2-1(c)]，即在同一水平井井口下入注汽管柱和生产管柱，通过注汽管柱向水平井最顶端注汽，使蒸汽腔沿水平井逆向扩展。目前现场应用较多的是双水平井和直井与水平井组合方式。

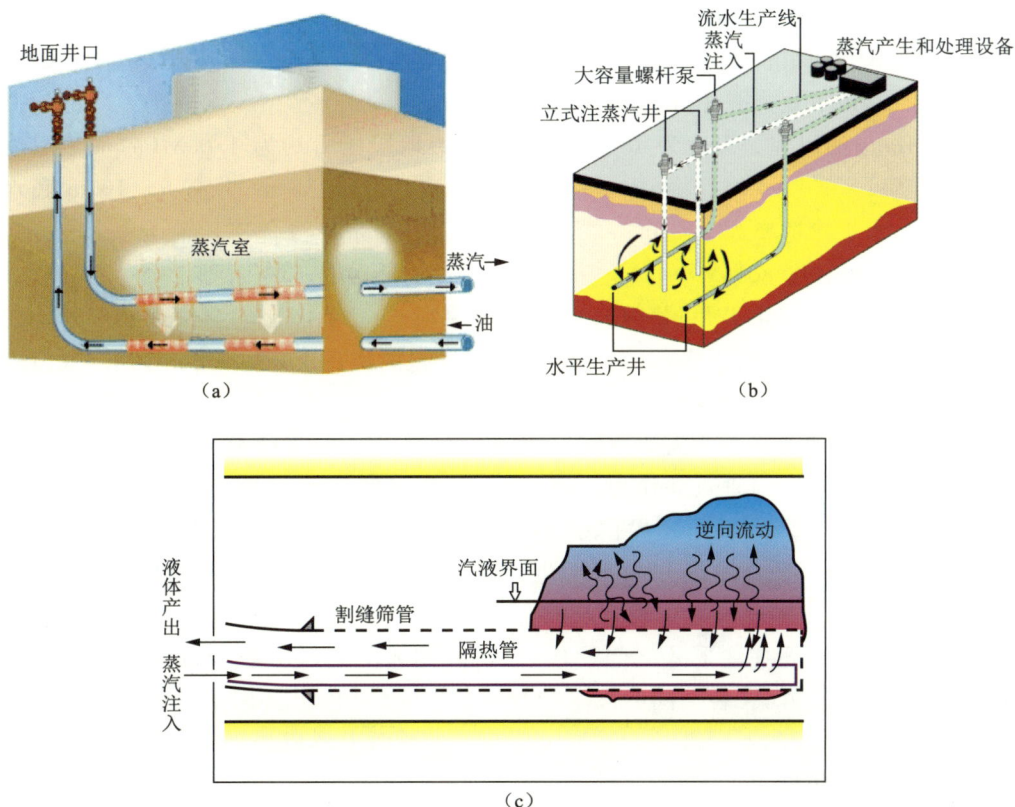

图 8-2-1　SAGD 布井方式示意图

3）配套工艺的调研

配套工艺技术是 SAGD 开采成功的保证，主要包括以下几个方面。

（1）钻完井技术：水平生产井采用三开井身结构，生产套管外径为 244.5 mm，并用耐热水泥循环到地面固井，水平段下 7 in 割缝筛管完井。

（2）注采配套工艺及地面工程技术：由于国外油田埋藏较浅，所以注汽工艺较为简单，只要保证井下干度大于 70% 即可；在油井举升工艺上，基本采用气举与抽油泵两种方式，为了满足 SAGD 阶段的大排液量要求，通常采用泵径为 120～140 mm 的管式泵与冲程为 7～8 m 的垂直式抽油机，此外部分稠油油田在注汽系统上实施了热电联供的集中供热模式，保证了蒸汽热效率，降低了热损失，同时降低了注汽成本；在产出液处理上实施了污水回收再利用，实现了零排放，原油就地改质增加了销售收入，实现了效益最大化。

（3）监测系统技术：通常在生产井井下下入监测设备，同时使用采油、测试双管井口。井下一般布有 4 个测温点（分别在泵下、入口点、距端点前 1/3 处及端点处）和 2 个测压点（分别在泵下、距端点前 1/3 处），目的是监测水平段动用程度及水平段温度、压力，以保证阻汽控制。为了监测蒸汽腔的扩展方向与速度，部署了大量的观察井，观察井采用热电偶测温，毛细管测压。此外为了监测大范围的蒸汽腔变化情况，还采用了四维地震技术。

4）SAGD 开发效果调研

在加拿大采用直井注汽、水平井采油的油田主要有 3 个，即 Tangleflags，Pikes Peak 和 Bolney 油田，以下重点介绍 Tangleflags 油田。

Tangleflags 油田埋藏深度为 480～550 m，原始地层压力约为 4.0 MPa，油藏温度下的原油黏度为 $1×10^4～2×10^4$ mPa·s，油层纯厚度为 15～25 m，并有 5～10 m 底水和 2～3 m 气顶，水平渗透率为 $2×10^3～3×10^3$ mD，垂直与水平渗透率比值为 0.3～0.5，孔隙度 33%，含油饱和度 80%。

油田最早部署两口水平井，井距为 150 m，水平段长度为 400 m。自 1986 年开始先后进行了冷采和蒸汽吞吐，由于底水的存在，在生产压差的作用下，油井很快见水，数值模拟计算采收率仅为 2%，生产效果较差。

在对常规采油和蒸汽吞吐失败原因分析的基础上，继续开展研究与试验，1988 年在两水平生产井之间补打 3 口垂直井作为注汽井，垂直井与两边水平生产井的距离为 75 m，射孔井段一般为 3～5 m，射孔底界位于水平生产井之上 3～5 m，垂直注汽井之间的距离约为 120～150 m，垂直注汽井和水平生产井在横向和纵向上的相对位置如图 8-2-2 所示。

初期以蒸汽驱方式在注采井之间形成热连通，注入的蒸汽一般经过一年到一年半左右的时间突破到生产井，驱替期间的高峰产量达到 100 t/d 以上。用垂直井对水平生产井注汽时，往往在水平段的不同部位形成单点突破，在平面上形成局部蒸汽腔，导致蒸汽突破时的采收率仍然很低。

到 1990 年，经过近 730 d 的蒸汽驱替，过渡到以重力泄油为主的生产阶段。一旦蒸汽突破到生产井以后，注汽压力迅速下降，由原来的 6.0～7.0 MPa 降到 4.0 MPa 左右，即开

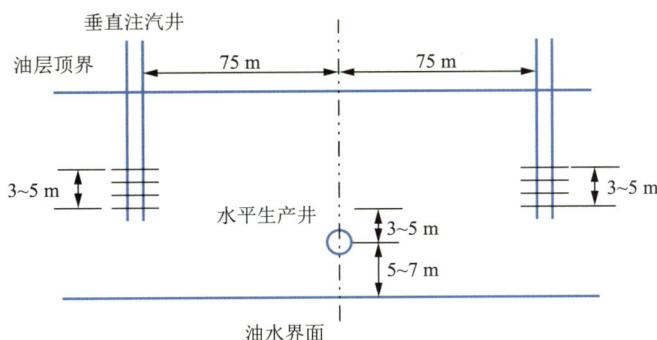

图 8-2-2　Tangleflags 油田 SAGD 注采关系示意图

采方式进入重力泄油阶段,此时应控制水平生产井的产液速度,在水平生产井以上建立一定高度的液面(2～3 m),这期间注汽井的注汽压力稳定在 4.0 MPa 左右,设定这一操作压力的目的是平衡底水层的压力,防止底水锥进。

图 8-2-3 为该区最早一口水平生产井的生产曲线,该井高峰期单井日产油量达到 200～250 t/d,高峰期油汽比为 0.4～0.5,该井已连续生产 11 年多,2002 年仍然具有 50～60 t/d 的产能。在整个生产期平均单井日产油量为 80～100 t/d,平均油汽比为 0.33～0.35。

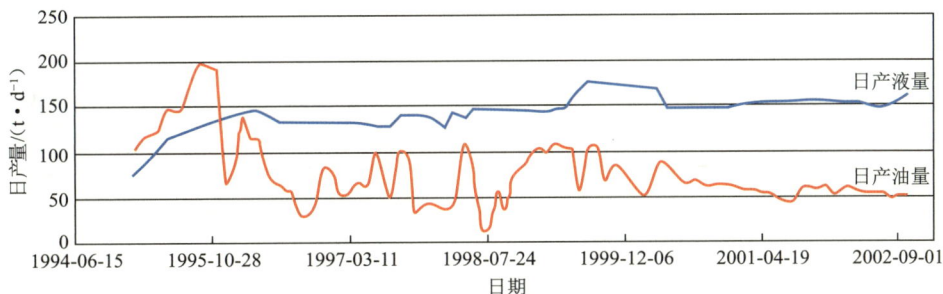

图 8-2-3　典型井生产曲线

在 SAGD 开采方式获得初步成功后,从 1991 年起开始扩大开发规模,到 2005 年为止,该油藏共有水平生产井 12 口,平均水平段长度 400～600 m,垂直注汽井 22 口和水平注汽井 1 口,整个油田高峰期的日产油量约为 800 t/d,日注汽量约为 2 500 t/d,油汽比为0.3～0.4。图 8-2-4 为整个油田的生产曲线。从图中可以看出,投产初期的油汽比相对较低,为 0.13～0.23,这主要是由于建立初期的热连通需要耗费大量的蒸汽,一旦形成热连通之后,油汽比逐步上升到 0.33 左右,且非常稳定,这也是重力泄油的特点,即进入稳定生产期以后,采油量和所需的注汽量比较稳定,随着蒸汽腔的扩展,注汽量的需求也随之增大。1996 年以后又投产了 3 口水平生产井,产量大幅度上升。

评价该区的采收率时,将该油田中心部位投产日期相近的 6 口水平井归成一类。截至 2001 年底,该油田中心区老井累积采收率已达到 60％以上,累积油汽比为 0.33,按目前产量变化趋势预测,最终采收率将达到 65％～70％。

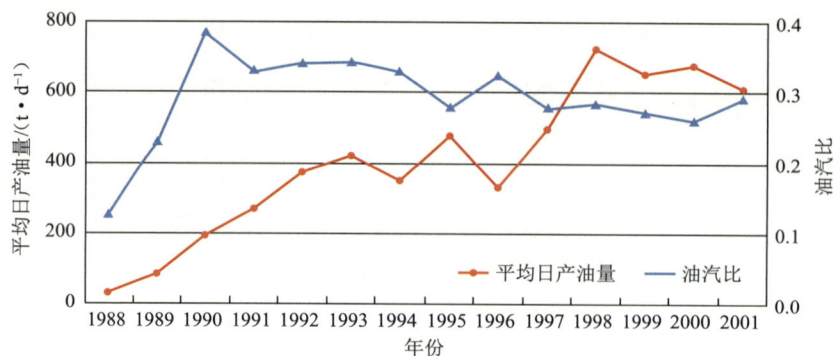

图 8-2-4 Tangleflags 油田生产曲线

8.2.2 采取直井与水平井组合 SAGD 开发的可行性论证

1）油藏地质条件符合 SAGD 开发适应条件

根据国外稠油开采经验和 SAGD 开发实例,兴Ⅵ组和馆陶组油藏的地质条件符合 SAGD 开发适应条件(表 8-2-1),适合采用 SAGD 方式开发。

表 8-2-1 杜 84 块兴Ⅵ组和馆陶组油藏符合 SAGD 筛选标准

指 标	标 准	UTF 试验区	Tangleflags	馆陶油层	兴Ⅵ组油层
油层深度/m	<1 000	150	480～550	530～640	660～810
连续油层厚度/m	>20	20	15～25	112	50～70
孔隙度/%	>20	35	33	36.3	27
$K_h/(10^3 \text{ mD})$	>0.5	3～5	2～3	5.54	1.92
K_z/K_h	>0.35	—	0.3～0.5	>0.7	0.56
净总厚度比	>0.7	—	—	>0.80	>0.80
含油饱和度/%	>50	80	80	>65	>60
地层温度下原油黏度/(10^4 mPa·s)	>1	500	1～2	23.2(50 ℃)	16.8(50 ℃)

杜 84 块馆陶油层和兴Ⅵ组油层厚度大,能够提高 SAGD 阶段的油井产量和油汽比。此外,油层中夹层数量较少,且夹层中泥质含量低,不会阻挡蒸汽向上扩展。

2）前期研究取得阶段性进展,主要工艺技术具备试验条件

辽河油田 2000 年与加拿大重油技术国际咨询公司合作完成了杜 84 块兴隆台油层兴Ⅵ组直井与水平井组合 SAGD 可行性研究和杜 84 块馆陶油层直井与水平井组合 SAGD 可行性研究,直井与水平井组合的优点有以下 4 个方面:

（1）克服钻平行水平井的技术难度;

（2）对于已开发的油田,可以利用现有的直井注汽,节约钻井费用;

（3）初期可以通过调节各井的注汽量来调节蒸汽沿水平段的分布；

（4）靠优化射孔井段的方式来达到减少油层非均质性（如夹层）影响的目的。

初步确立了 SAGD 作为超稠油吞吐后期提高采收率的接替方式，对 SAGD 开发方式的采油机理、注采参数调整、操作程序等有了更加深刻的认识，为开展先导试验提供理论技术储备。

8.2.3　SAGD 先导试验区开发历程

辽河油田自 2005 年开展 SAGD 先导试验以来，生产操控合理，操作成本持续降低，经过 7 年的开发，各项指标均达到了方案设计要求。

2003—2004 年主要对国内外 SAGD 开发技术现状进行综合技术调研，加强对 SAGD 开发机理的认识，摸清影响 SAGD 开发效果的地质参数，合理规划 SAGD 先导试验进度，做好先导试验前的准备工作，并根据先导试验优选原则，在整体部署的基础上，优选试验区域，确定直井与水平井组合的井网部署及 SAGD 开发方式。馆陶油层先导试验区选择在杜 84 块馆陶油层的北部（图 8-2-5），该区是投产较早的区域，含油面积为 0.15 km²，地质储量 249×10⁴ t；兴隆台先导试验区选择在杜 84 块的西北部（图 8-2-6），该区兴Ⅵ组油层厚度大（52.7 m），夹层不发育，并且是杜 84 块投产最早的区域，试验区的含油面积为 0.14 km²，地质储量为 140×10⁴ t。

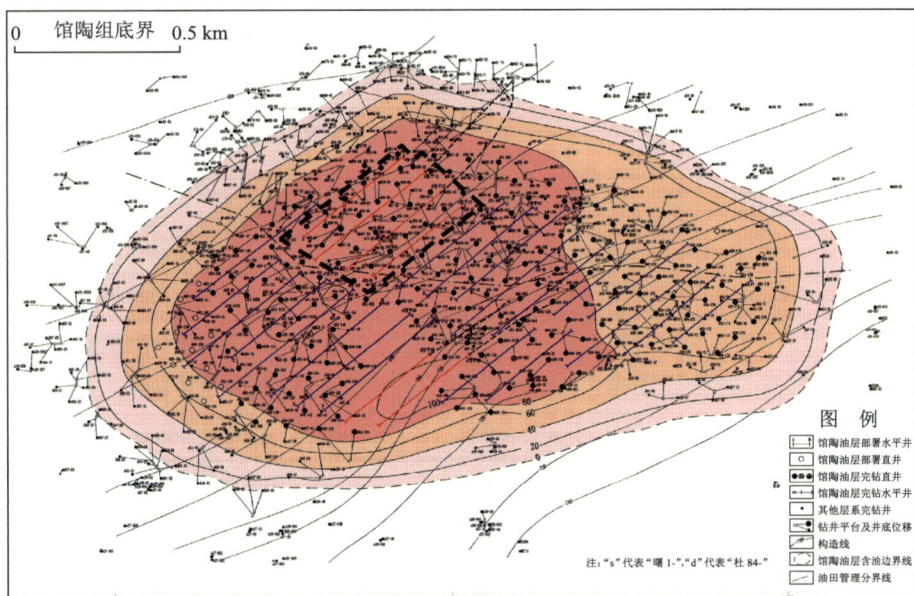

图 8-2-5　馆陶油层 SAGD 先导试验区位置

2005 年 2 月，经过中国石油天然气股份有限公司批准，辽河油田 SAGD 先导试验在馆陶试验区进行现场实施。杜 84-馆平 10、杜 84-馆平 11 井组首先转入 SAGD 开发，同年杜 84-馆平 12、杜 84-馆平 13 井组相继转入 SAGD 开发；2006 年 10 月兴Ⅵ先导试验区进入现

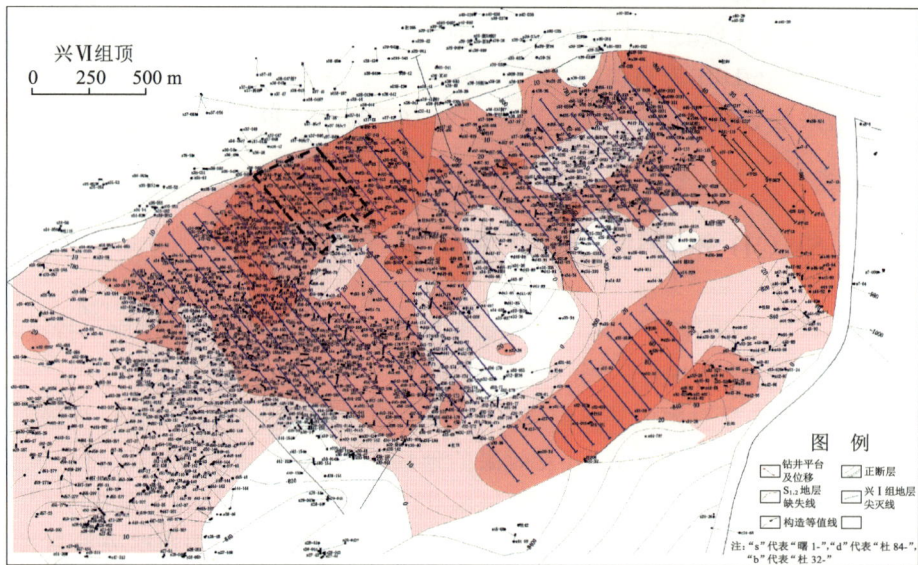

图 8-2-6　兴隆台油层 SAGD 先导试验区位置

场实施，杜 84-平 43CP、杜 84-平 44、杜 84-平 45、杜 84-平 46CH 井组相继转入 SAGD 开发。至此，馆陶及兴Ⅵ先导试验区 8 个井组全部转入 SAGD 开发（表 8-2-2）。

表 8-2-2　杜 84 块兴Ⅵ组和馆陶组 SAGD 先导试验井组

层　位	井　组	转入 SAGD 开发时间
馆陶油层	杜 84-馆平 10	2005 年 2 月
	杜 84-馆平 11	2005 年 2 月
	杜 84-馆平 12	2005 年 9 月
	杜 84-馆平 13	2005 年 10 月
兴Ⅵ油层	杜 84-平 43CP	2006 年 10 月
	杜 84-平 44	2006 年 10 月
	杜 84-平 45	2006 年 10 月
	杜 84-平 46CH	2006 年 10 月

经过 6 年的开发，SAGD 先导试验区产量逐渐上升，操作成本逐渐下降，各项实际指标均达到了方案设计指标。截至 2011 年底，8 个先导试验井组累计产油 84.8×10^4 t（图 8-2-7），形成商品量 70.5×10^4 t；累计投入资金 2.7 亿元，单位运行成本 859 元/t，实现利润 8.14 亿元，投入产出比为 1∶1.79。

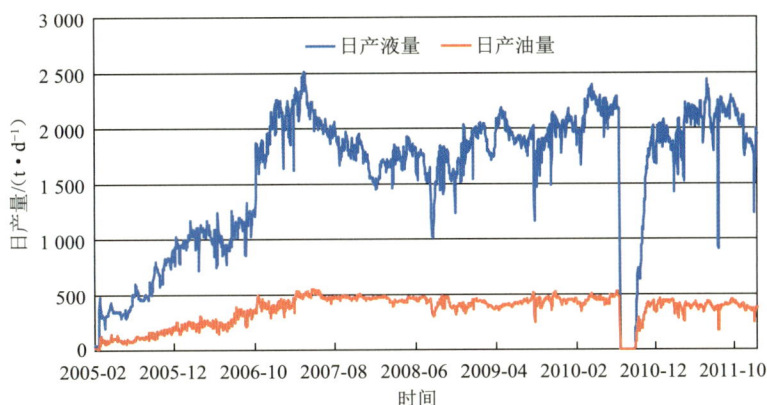

图 8-2-7　先导试验区 8 个直平组合井组日产曲线

参 考 文 献

[1]　NOUROZIEH H，RANJBAR E，KUMAR A. Modelling of non-condensable gas injection in SAGD process-important mechanisms and their impact on field scale simulation models[R]. SPE Canada Heavy Oil Technical Conference，Society of Petroleum Engineers，2015.

[2]　HADDADNIA A，ZIRRAHI M，HASSANZADEH H，et al. Solubility and thermo-physical properties measurement of CO_2-and N_2-athabasca bitumen systems[J]. Journal of Petroleum Science & Engineering，2017(154)：277-283.

[3]　BUTLER R M. Horizontal wells for the recovery of oil，gas，and bitumen[C]. Petroleum Society Monograph Number2，Canada，1994.

[4]　马强，林日亿，冯一波，等. 稠油模型化合物水热裂解生成 H_2S 实验研究[J]. 石油与天然气化工，2018，47(4)：6-13,17.

[5]　杨立强. 辽河油田超稠油蒸汽辅助重力泄油先导试验开发实践[M]. 北京：石油工业出版社，2015.

[6]　杨立强，陈月明，王宏远，等. 超稠油直井-水平井组合蒸汽辅助重力泄油物理和数值模拟[J]. 中国石油大学学报(自然科学版)，2007，37(4)：64-69.

[7]　霍进，桑林翔，刘名，等. 风城油田蒸汽辅助重力泄油启动阶段注采参数优化[J]. 新疆石油地质，2015，36(2)：191-194.

[8]　杨立强，林日亿. 蒸汽辅助重力泄油中注过热蒸汽技术研究[J]. 油气地质与采收率，2007，14(5)：62-65,115.

[9]　WANG H Y. Application of temperature observation wells during operations in a medium deep bitumen reservoir[J]. Journal of Canadian Petroleum Technology，2009，48(11)：11-15.

[10]　白山，陈冲，孙乙铭. 绕组电阻随温度变化对高温潜油电机性能的影响[J]. 微特电机，2014，42(11)：44-47.

[11]　GAO Y R，GUO E P，WANG H Y，et al. Case study on a new approach for exploiting heavy oil reservoirs with shale barriers[C]. SPE 179770，2016.

[12]　王壮壮，李兆敏，鹿腾，等. 烟道气对蒸汽腔影响可视化研究及机理分析[J]. 特种油气藏，2019，26(2)：136-140.

[13] WANG H Y,GUO E P. Surveillance of steam assisted gravity drainage in in-depth extra-heavy oil reservoir[C]. SPE 190442,2018.

[14] WANG J Y J,EZEUKO C C,GATES I D. Energy(Heat) distribution and transformation in the SAGP process[R]. SPE Heavy Oil Conference Canada,2012.

[15] 桑林翔,姜丹,刘名,等. 重 32 井区 SAGD 开发阶段生产参数优化[J].特种油气藏,2016,23(1)：96-99,155-156.

[16] GOITE J G,PDVSA,MAMORA D D. Experimental study of morichal heavy oil recovery using combined steam and propane injection[C]. SPE 69566,2001.

[17] KEWEN L,ROLAND N. Gas slippage in two-phase flow and the effect of temperature[C]. Western Regional Meeting,2001.

[18] ZHANG F S,FAN X P. Field experiment of enhancing heavy oil recovery by cyclic fuel gas injection. SPE 64724,2000.

[19] HANIF A T,GREEN M L H. Possible utilization of CO_2 on natuna's gas field using dry reforming of methane to syngas (CO & H_2)[C]. SPE 77926,2002.

[20] MARTA G,MARIELA A. Use of the method of characteristics to Study three-phase flow[C]. SPE 75168,2002.

[21] DAVID H S. Disposal of carbon dioxide,a greenhouse gas,for pressure maintenance in a steam based thermal process for recovery of heavy oil and bitumen[C]. SPE 86958,2004.

[22] AHERNE A L. Observations relating to non-condensable gases in a vapour chamber:Phase B of the dover project[C]. SPE 79023,2002.

[23] JIANG Q,BUTLER R M,YEE C T. Steam and gas push(SAGP)-4:Recent theoretical developments and laboratory results using layered models[C]. PS 2000-051,2000.

[24] Butler R M,YEE C T. Progress in the in situ recovery of heavy oils and bitumen[C]. PS 2000-050,2000.

[25] ITO Y,CHIKAWA M I,HIRATA T. The growth of steam chamber during the early period of the UTF phase B and hangingstone phase I projects[J]. Journal of Canadian Petroleum Technology,2001,40(09).

[26] BUTLER R M,JIANG Q C. Steam and gas push (SAGP) -3:Recent theoretical developments. PS 99-23,1999.

[27] JIANG Q,BUTLER F L,YEE C T. The steam and gas push (SAGP)-2:Mechanism analysis and physical model testing[C]. CIM 99-43,1998.

[28] CANBOLAT S,AKIN S. A study of steam-assisted gravity drainage performance in the presence of non-condensable gases[C]. SPE 75130.

[29] BULTER R M,YEE C T. An experimental study of steam condensation in the presence of non-condensable gases in porous media[J]. AOSTRA Journal of Research,1986,3:15-23.

[30] GAO Y R,LIU S Q,ZHANG Y T. Implementing steam assisted gravity drainage through combination of vertical and horizontal wells in a super-heavy crude reservoir with top-water[C]. SPE 77798,1998.

[31] BAGCI S,GUMRAH F. Steam-gas drive laboratory tests for heavy oil recovery[J]. IN SITU,1998,22(3):263-289.

[32] STONE T,MALCOLM J D. Simulation of a large Steam-CO_2 coinjection experiment[C]. JCPT24 (6):1390-1420.

[33] ZIRRAHI M,HASSANZADEH H,ABEDI J. Prediction of CO_2 solubility in bitumen using the cubic-plus-association equation of state(CPA-EoS)[C]. J. Supercrit. Fluids,2015,98,44-49.

[34] PANG Z X,WU Z B,ZHAO M. A novel method to calculate consumption of non-condensate gas during steam assistant gravity drainage in heavy oil reservoirs[J]. Energy,2017,130:76-85.

[35] GAO Y,GUO E,ZHANG Y,et al. Research on the selection of NCG in improving SAGD recovery for super-heavy oil reservoir with top-water[J]. SPE 187674-MS.

[36] MOHAMMADZADEH O,REZAEI N,CHATZIS I. Pore-scale performance evaluation and mechanistic studies of the solvent-aided SAGD (SA-SAGD) process using visualization experiments[J]. Transport in Porous Media,2015,108(2):437-480.

[37] MUKHAMETSHINA A,KAR T,HASCAKIR B. Asphaltene precipitation during bitumen extraction with expanding-solvent steam-assisted gravity drainage:Effects on pore-scale displacement[J]. SPE Journal,2016,21(2):380-392.

[38] SHENG K,OKUNO R,WANG M. Dimethyl ether as an additive to steam for improved steam-assisted gravity drainage[J]. SPE Journal,2018.

[39] BAEK K H,SHENG K,ARGÜELLES-VIVAS F J,et al. Comparative study of oil dilution capability of dimethyl ether DME and hexane as steam additives for SAGD[C]. SPE Technical Conference and Exhibition,2017.

[40] ALBERTA ENERGY RESOURCE CONSERVATION BOARD. In situ progress presentations. http://www. aer. ca/data-and-publications/activity-and-data/in-situ-performance-presentations,2009—2019.

[41] BUTLER R M. A new approach to the modeling of Steam-Assisted Gravity Drainage[J]. Journal of Canadian Petroleum Technology,1985,3(1):42-50.

[42] SASKOIL S S,BUTLER R M. The production of conventional heavy oil reservoirs with bottom water using steam-assisted gravity drainage[J]. Journal of Canadian Petroleum Technology,1990,29(2):78-86.

[43] BUTLER R M. Gravity drainage to horizontal wells[J]. Journal of Canadian Petroleum Technology,1992,31(4):31-37.

[44] 中国石油部石油勘探开发科学研究院. 中国加拿大国际稠油技术讨论会论文集[C]. 加拿大阿尔伯达省油砂技术研究机构,1987.

[45] 刘文章. 稠油注蒸汽热采工程[M]. 北京:石油工业出版社,1997.

[46] 张锐,等. 稠油热采技术[M]. 北京:石油工业出版社,1999.

[47] 韩显卿. 提高采收率原理[M]. 北京:石油工业出版社,1993.

[48] 郭万奎,廖广志,等. 注气提高采收率技术[M]. 北京:石油工业出版社,2003.

[49] 李阳. 三次采油技术文集[M]. 北京:石油工业出版社,2005.

[50] 洪 K C. 蒸汽驱油藏管理[M]. 岳清山,等译. 北京:石油工业出版社,1996.

[51] 吴奇,等. 国际稠油开采技术论文集[C]. 北京:石油工业出版社,2002.

[52] 刘尚奇,王晓春,高永荣,等. 超稠油油藏直井与水平井组合 SAGD 技术研究[J]. 石油勘探与开发,2007,34(2):234-238.

[53] 郭万奎,廖广志,韩培慧,等. 注气提高采收率技术[M]. 北京:石油工业出版社,2003.

［54］ 高永荣,刘尚奇,沈德煌,等.超稠油氮气、溶剂辅助蒸汽吞吐开采技术研究[J].石油勘探与开发,2003,30(2):73-75.

［55］ 高永荣,刘尚奇,沈德煌,等.氮气辅助 SAGD 开采技术优化研究[J].石油学报,2009,30(5):717-721.

［56］ 高永荣,郭二鹏,沈德煌,等.超稠油油藏蒸汽辅助重力泄油后期注空气开采技术[J].石油勘探与开发,46(1):109-115.

［57］ 张运军,沈德煌,高永荣,等.二氧化碳气体辅助 SAGD 物理模拟实验[J].石油学报,2014,35(6):1147-1152.

［58］ 吴永彬,刘雪琦,李俊,等.超稠油油藏溶剂辅助重力泄油机理物理模拟实验[J].石油勘探与开发,2020(3):1-7.

［59］ BUTLER R M. Steam-assisted gravity drainage:Concept,development performance and future[J]. Journal of Canadian Petroleum Technology,1994,33(2):44-50.

［60］ BUTLER R M,MCNAB G S,LO H Y. Theoretical studies on the gravity drainage of heavy oil during in-situ steam heating[J]. J. Pet. Tech,1979,59(4):455-460.

［61］ BULTER R M,STEPHENS D J. The gravity drainage of steam-heated heavy oil to parallel horizontal wells[J]. Journal of Canadian Petroleum Technology,1981,20(2):90-96.

［62］ GRIFFIN P J,TROFIMENKOFF P N. Laboratory studies of the steam-assisted gravity drainage proceed[J]. AOSTRAJ of Research,1986,2(4):97-203.

［63］ 陆雪皎.泥岩隔夹层裂缝对 SAGD 的作用机理及对开发效果的影响[D].青岛:中国石油大学(华东),2014.